# 寒区渠道冻害评估与处治技术

蔡正银　黄英豪　编著

科学出版社

北　京

# 内 容 简 介

本书针对我国新疆北疆等咸寒地区的输水渠道冻胀问题,通过现场调研总结了渠道冻害的主要破坏形式,明确了渠道冻害的主要影响因素;通过大量室内试验研究了咸寒区冻结渠基土的变形特性和强度特性,研发了可模拟渠道冻胀的离心模型试验系统;通过大型离心物理模型试验,对渠道冻胀进行了定量研究,提出了渠道冻胀的自动化监测与预警系统;通过室内试验和现场研究,提出了渠道冻害的防护和修复技术;介绍了咸寒区渠道冻害的处治技术实例,并总结了渠道冻害的处治模式;最后介绍了目前长距离调水工程在冬季运行的一些基本概念和解决对策。

本书可供从事渠道冻害防护研究的科研工作者参考使用,对于指导我国咸寒地区输水渠道的盐冻胀问题具有重要指导参考价值。

**图书在版编目(CIP)数据**

咸寒区渠道冻害评估与处治技术/蔡正银,黄英豪编著.—北京:科学出版社,2015.4

ISBN 978-7-03-043929-1

Ⅰ.①咸⋯ Ⅱ.①蔡⋯ ②黄⋯ Ⅲ.①渠道流动–冻害–评估–中国 ②渠道流动–冻害–处理–中国 Ⅳ.①TV133

中国版本图书馆 CIP 数据核字(2015)第 055642 号

责任编辑:杨 琪 程心珂/责任校对:朱光兰
责任印制:赵 博/封面设计:许 瑞

**科 学 出 版 社** 出版

北京东黄城根北街 16 号
邮政编码:100717
http://www.sciencep.com

**文林印务有限公司**印刷

科学出版社发行 各地新华书店经销

\*

2015 年 3 月第 一 版 开本:720 × 1000 1/16
2015 年 3 月第一次印刷 印张:14 1/4
字数:290 000

**定价:79.00 元**

(如有印装质量问题,我社负责调换)

# 前　　言

　　水是生命之源、生产之要、生态之基，在各种资源中，水资源是各种资源中不可替代的一种重要资源。我国水资源严重短缺，人均占有量仅为世界人均值的1/4。2010 年我国农业总用水量为 3691 亿 $m^3$，占当年总用水量的 61.3%，其中农田灌溉用水量又占农业总用水量的 90%。渠道输水是我国农业灌溉的主要手段，要保证农田灌溉的顺利进行和水资源的充分利用，农田灌溉渠道工程是农业建设不可或缺的。目前，我国渠系水利用系数约 0.51，也就是说有 49%的灌溉水在渠道输水过程中损失掉了。如何节约用水、合理配置水资源、提高渠系水利用系数是我国农田水利工程建设要解决的重要问题。

　　在我国新疆等高寒地区，冬季气候寒冷，极端气温可达−40℃，加之部分地区地下水为咸水，属于典型的咸寒区。冻胀和盐胀是导致该地区输水渠道破坏的最主要原因，每年都要耗费大量的人力、物力、财力进行渠道维修，据统计，每年用于处治损坏渠道的费用超过总维修费的 50%，严重影响了渠道的正常运行。近年来，随着国家对大型灌区续建配套和节水改造工程的实施，渠道防渗防冻胀的新技术、新材料不断涌现，并逐渐被应用在新建设的渠道工程中。尽管如此，由于渠道冻害的发生和土、水、温三大因素密切相关，而土质、水分、温度条件具有区域差异性，需要针对新疆等咸寒地区输水渠道冻害问题进行专门调查和研究。

　　本书共分六章，第一章主要总结了咸寒区渠道冻害破坏的主要形式，配有大量渠道冻害破坏的调研图片；第二章选取咸寒区典型渠道工程的渠基土，通过大量室内试验，较系统地研究了该地区土体冻结后的变形特性和强度特性；第三章重点介绍了渠道冻胀离心模型试验设备的研制和应用，这是国内外首次采用离心模型试验的手段进行渠道冻胀问题的研究，然后对渠道冻害的自动化监测技术进行了实例分析；第四章简明地论述了渠道冻害的防护和修复技术，列举了渠道衬砌机械化施工成套设备；第五章选择了典型灌区的渠道节水改造工程，说明了渠道冻害处治技术的应用模式；第六章针对当前高寒区渠道冬季输水的迫切需求，提出了冰期输水模式和冬季安全运行的对策。

　　本书是作者选取所负责的水利部公益性行业科研专项"咸寒区灌渠冻害评估预报与处治技术"（编号：201201037）的部分研究成果并整合其他学者的研究编撰而成。本项目的实施和本书的编写得到了新疆水利厅邓铭江副厅长、关静主任，新疆水利水电科学研究院何建村院长、张江辉书记，新疆额尔齐斯河流域开发工程建设管理局周小兵书记等的关心和指导；封面中的照片由新疆额尔齐斯河流域开发工程建设管理局的杨长征和林锋拍摄；第三章的成果得到了水文水资源与水利工程科学国家重点实验室专项基金"北疆输水渠道劣化的现场试验研究"的资助。本书的出版得到了南京水利科学研究院出版基金的支持，图文的编写参阅了大量国内外同行的文献和著作并加以引用，尤其是本书第五章的编写，主要参考了中国灌溉排水发展中心的渠道防渗防冻技术应用网上技术讲座。在此，谨致以衷心的感谢！

南京水利科学研究院关云飞、徐光明、高长胜、曹培、徐惠、曹永勇、吴志强、张晨、李东兵、武颖利、徐锴等参与了本书第二章、第三章和第六章的编写；新疆水利水电科学研究院贺传卿、王怀义、杨桂权、李鑫、邓丽娟、武英杰、王显旭、刘玉甫、孙金龙、金龙、沙吉达、吐尔洪等参与了第三章和第五章的编写；新疆额尔齐斯河流域开发工程建设管理局石泉、苏珊、罗伟林、张惠兰、徐元禄、万连宾等参与了第一章和第四章的编写。全书由蔡正银和黄英豪组织、修改并定稿。

咸寒区渠道冻害的问题，涉及多学科交叉，本书的出版仅为抛砖引玉，希望更多的科研工作者参与到该项研究工作中。由于作者水平有限，书中肯定存在许多不足和错误之处，引用文献也可能存在挂一漏万的问题，恳请各位读者不吝斧正。

作　者

2015 年 1 月

于南京清凉山

# 目　　录

# 第一章 咸寒区渠道冻害状况

## 1.1 我国冻土及冻害概述

冻土是指温度在 0℃ 或 0℃ 以下并含有冰的各种土壤和岩石（陈肖柏等，2006）。根据冻土存在时间长短，地球上主要分布着两种冻土：一种称为多年冻土，或者称为永久冻土，指两年以上处于冻结状态的冻土，它可以分为两层，表层几米的土层处于夏融冬冻的状态，称为季节活动层或季节融化层，下层常年处于冻结状态，称为永冻层或多年冻层；另一种称为季节冻土，只在地表几米范围内冬季冻结，夏季消融，该层也称作季节冻结层或季节活动层。

地球陆地上多年冻土的分布面积占 1/5，大致北纬 48°附近是多年冻土的南界，主要分布在俄罗斯、加拿大、中国和美国的阿拉斯加等地。我国的多年冻土分布面积约占世界多年冻土分布面积的 1/10，排世界第三位，主要分布在我国青藏高原、大兴安岭、小兴安岭、祁连山、天山和阿尔泰山等高山和高纬度地区，面积约 215 万 $km^2$，占我国陆地国土面积的 22.4%。其中大兴安岭、小兴安岭的多年冻土为高纬度多年冻土，其余地区的多年冻土为高山多年冻土。

仅地表层冬季冻结、春秋季融化的季节冻土区，分布在多年冻土的外围地区，遍布长江流域以北的广大疆域。季节性冻土区以北纬 30°以北地区最为突出，特别是我国北方各省区，冻土问题严重，对工程的危害也十分严重。我国冻土分布简图见图 1-1。

在寒冷地区，当土的温度低于 0℃ 时，土中部分水冻结成冰，在冻结过程中，由于土中原有的水分和外界补给冻层的水分冻结成冰使其体积增大，从而引起土体体积膨胀，这就是土的"冻胀"。同时，当气温升高冻土融化时，由于土中冰的融化，造成土体结构的破坏和强度的急剧减弱，使土体在自重下就会产生下沉，即通常所指的"融沉"（Chamberlin and Gow，1979；Peter，1998）。

土工构筑物或各种建筑物地基土，因冻结及随后的融化过程所引起的构、建筑物的破坏，称为土冻结作用灾害，简称为工程冻害。寒冷地区的工程冻害通常指的是由于气候的正负交替变化，或人为因素的干扰，改变了原来的环境或地基土的温度状态，造成地基土或土工构筑物冻结时形成冻胀变形灾害；或多冰地基融化，在上覆动静荷载作用下出现沉降或滑塌，从而使构、建筑物的不均匀变形超过其极限允许值而出现破坏的现象。当冻结深度超过 0.4m 时，即会呈现出明显的冻结与融化灾害。

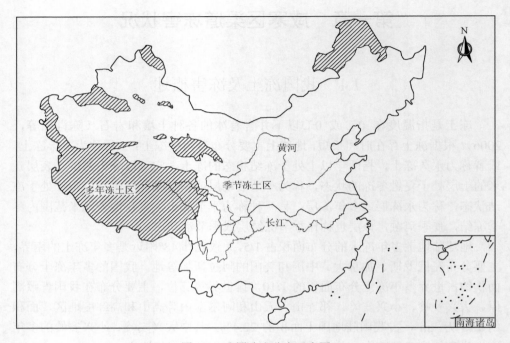

图 1-1　我国冻土分布示意图

在我国新疆、内蒙古、东北、青海等寒冷地区，广泛分布着盐渍土，其地下水为咸水，在低温下土壤溶液中盐分的重结晶作用（Powers，1949；Zchndcr and Arnold，1989），使土层孔隙度增大，出现土体的松胀现象，称为盐胀。它使地上的建筑物发生变形，甚至破坏，这就是寒冷盐渍土地区特殊的盐胀灾害（Benavente，2007）。我国冻土灾害和盐胀灾害的分布简图见图 1-2。

大地在季节冻结及融化过程中，将发生一系列热学、物理化学和力学性质的变化。冻胀和融沉给北方寒冷地区各类工程及其建筑物造成很大的危害，使其受到各种动力作用而产生不同部位、不同形式和不同程度的破坏。冻胀破坏涉及公路工程、铁路工程、建筑工程、水利工程、港口工程、机场工程、矿山工程、能源工程等建设领域。受地基土冻胀作用而破坏的各类建筑物中，水利工程中的渠道构筑物和衬砌渠道的冻害最为普遍和严重，而其中又以裂缝、沉陷、结构断裂、滑坡等造成的渠道、水闸、涵洞、渡槽、桥梁、挡土墙、土坝护坡、水库溢洪道和各类建筑物进出口护坡等破坏最为突出，冻害造成了难以估量的重大经济损失。

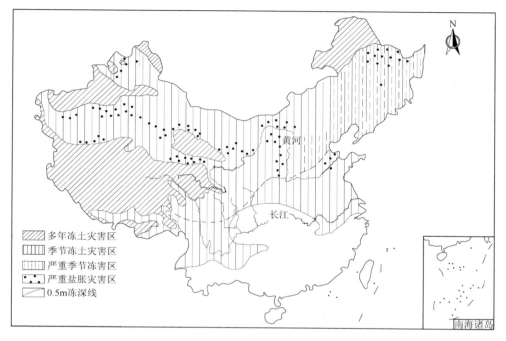

图 1-2　我国冻害及盐害区域分布示意图

# 1.2　咸寒区渠道冻害类型

我国是一个水资源严重短缺的国家，水资源总量约为 2.8 万亿 $m^3$，人均水资源占有量为 $2210m^3$，仅为世界人均水资源占有量的 1/4，耕地单位面积水资源占用量不足世界平均水平的 1/2。农业用水是我国的第一大用水大户，2008 年，全国农业总用水量为 3664 亿 $m^3$，占当年总用水量的 62%，其中农田灌溉用水量为3306 亿 $m^3$，占农业总用水量的 90%。

我国农业灌溉普遍存在灌溉效率低和用水浪费严重的现象，我国渠道输水灌溉的比例很大，输水渠道渗漏是灌溉用水浪费的主要方面。目前，我国渠系水利用系数约为 0.51，也就是说 49% 左右的灌溉水在从水源到田间的渠道输水过程中损失掉了，渗漏损失水量相当惊人，提高输水效率是农业节水的重要内容，同时，我国的基本国情决定了现在及今后很长时间内农业灌溉仍然主要采用渠道输水形式。

目前，我国灌溉渠道总长约 450 万 km，其中 20% 为已衬砌渠道，由于已衬砌渠道的冻胀和未衬砌渠道的渗漏，导致灌溉水在输水过程中发生渗漏，其中渠道冻胀破坏是导致渗漏的主要原因之一。据黑龙江省某大型灌区支渠以上的骨干工程调查表明，受到不同程度冻胀破坏的就有 93 座，占调查工程数的 83%；吉林省大型灌区支渠以上的骨干工程调查表明,受到不同程度冻胀破坏的占 39.4%;新疆维吾尔自治区的北疆渠道工程有半数以上的混凝土干、支渠均因冻胀受到不同程度的破坏(李方和李万杰,2005;毛文明,2011;李双喜等,2012)。冻胀破坏不仅直接影响渠系水利用系数和渠道的安全运行,而且大大增加了工程维修费用和运行管理难度。

寒冷地区,冻结气温降到零摄氏度以下,负温对混凝土衬砌防渗渠道有一定的破坏作用。根据负温造成各种破坏作用的性质,冻害可分为冻胀破坏、冻融破坏和冰冻破坏三种类型(何武全等,2012)。

1)冻胀破坏

冻胀破坏指渠道基土冻胀和融沉对混凝土衬砌结构的破坏。当渠道基土为冻胀性土,且含水量大于起始冻胀含水量时,在冬季负温的作用下,由于渠道基土中的水冻结后体积增大,造成土体膨胀,使衬砌结构隆起(刘西拉和唐光普,2007)。当冻胀变形超过衬砌结构的允许变形时,或因冻胀而产生的冻胀力超过衬砌结构的抗裂、抗拉强度时,衬砌结构就会开裂甚至折断(王晓魏等,2009)。如不及时维修和处理,并继续输水运行,其冻害将逐渐加剧,直至破坏渠道。在渠基土冻结期间,如果地下水位较高,或有其他水源流入渠基,将会有大量的水向冻结锋面转移和结冰,其产生的基土冻胀变形加大,从而使冻害破坏更加严重。在春季消融时又造成渠床表层过湿,使土体失去强度和稳定性,最终导致衬砌体的滑塌(李钦,2011)。

2)冻融破坏

冻融破坏指混凝土衬砌材料内部孔隙水的冻融造成的衬砌板破坏(Chamberlain,1989;Othman,1993)。混凝土衬砌材料具有一定的吸水性,又经常处于有水环境中,因此材料内总是含有一定的水分,这些水分在负温作用下冻结成冰,体积会发生膨胀,比原体积增大 9%。当这种膨胀作用引起的应力超过材料的强度时,材料就会产生裂缝。在第二个负温周期中,其吸水性增大,结冰膨胀破坏的作用更为剧烈,经过多个冻融循环应力的反复作用,最终导致衬砌材料的冻融破坏。常见的有混凝土衬砌板表层剥落、冻酥等。

3)冰冻破坏

冰冻破坏指冬季输水渠道水体结冰对衬砌结构的破坏。我国寒冷地区大部分灌溉渠道在冬季停止输水,但少数渠道要进行发电供水、工业供水、城市供水等,在负温期间供水时,渠道里的水体常常会结冰,产生冰冻破坏。渠水结冰时,起初只是形成岸冰,在特别寒冷或严寒条件下,岸冰逐渐向渠道中心扩大,逐渐连成一片,最后表面完全封冻。此后,冰冻层逐渐加厚,对渠道衬砌体产生冰压力,造成衬砌体的位移和破坏,或在冰压力和渠基土冻胀力的作用下鼓胀,发生破坏变形。该冻胀破坏的特点是冻胀量大,鼓得高。鼓起的衬砌板下,冬季输水阶段是冰和冻土,春季消融后是稀泥和空洞。同时,当渠水面封冻后,上游漂浮的冰块或冰屑团,部分钻到冰面以下,当来冰量大于排冰能力时,冰块及冰屑就将在某个断面的冰面下积累,减小过水断面,逐渐演变到断面完全被封堵,形成冰坝,即会造成渠水满溢,甚至溃渠事故。

## 1.3　咸寒区渠道冻害破坏形式

我国渠道衬砌与防渗工程常采用混凝土、石料、膜料和沥青混凝土等建立衬砌防渗层,或利用上述材料构成复合结构,达到衬砌防渗的目的。通过对我国典型咸寒区渠道的冻害进行详细调研,总结出渠道冻害主要有以下类型的破坏形式。

### 1.3.1　混凝土衬砌渠道

普通混凝土是以水泥为胶凝材料,以砂、石为骨料加水拌和,经浇筑成型、凝结硬化形成的人造石材。其中,水泥和水构成的水泥浆包裹在骨料表面并填充砂的空隙形成砂浆,砂浆包裹石子颗粒并填充石子的空隙形成混凝土。混凝土属于刚性衬砌材料,具有较高的抗压强度,但抗拉强度较低,并且衬砌板厚度较薄,适应拉伸变形或不均匀变形的能力较差,在冻胀力或热应力的作用下容易破坏,其破坏形式大致总结如下。

#### 1.3.1.1　鼓胀及裂缝

在冬季负温作用下,混凝土衬砌板与渠道基土冻结成一个整体,承受着冻结力、冻胀力及混凝土板本身收缩产生的拉应力等,当这些应力大于混凝土板在低温下的极限应力时,混凝土板就会发生破坏。混凝土衬砌板的冻胀裂缝多出现在渠道坡脚以上 1/4～3/4 坡长范围和渠底中部,裂缝一般出现在渠道混凝土板水位线附近。我国新疆某大型引水渠道的鼓胀裂缝情况如图 1-3 所示。

图 1-3　我国新疆某大型引水渠道鼓胀裂缝图

冻胀裂缝宽度与基土的冻胀性及其不均匀程度有关。基土冻胀性弱,裂缝窄;基土冻胀性强,裂缝宽,而且将发展成更严重的其他形式的破坏。温度裂缝和拉裂缝一般呈发射状,但这些裂缝往往都与土的冻胀同时发生,因而缝宽亦随之扩大,特别是其中的纵向裂缝常常成为冻胀缝。

不论上述哪种形式的裂缝,一旦出现,就难于或不可能在基土融化时完全复原,甚至由于裂缝块间相互挤顶而留下宽缝或局部挤碎。裂缝的出现,不但造成渠道漏水,而且由于泥沙通过裂缝被带入板下,污染垫层,加剧土的冻胀。在逐年冻融循环作用下,裂缝宽度和冻胀累积发展,导致衬砌体破坏越来越严重。

### 1.3.1.2　隆起架空

对于地下水位较高的渠道,渠道基土距离地下水较近,冻胀量较大,而渠道顶部冻胀量较小,造成混凝土衬砌板大幅度隆起、架空,一般出现在坡脚或水面0.5～1.5m坡体处和渠底中部。渠道的隆起、架空破坏示意图见图1-4。

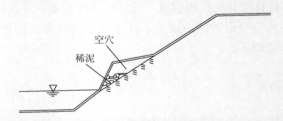

图1-4　渠道因冻胀引起的混凝土衬砌隆起、架空示意图

冬季行水渠道水位线以下的土体无冻胀,混凝土衬砌板无变位,水位线以上部分则暴露在大气中,在负温作用下,渠基土冻结膨胀,使衬砌板隆起,春季消融时很难复位,形成架空。图1-5为混凝土衬砌隆起、架空的照片。

图1-5　冻胀引起的混凝土衬砌隆起、架空

### 1.3.1.3  错位及坍塌

渠道混凝土衬砌板的冻融滑塌有两种形式。一是由于冻胀隆起、架空,使得坡脚支承受到破坏,衬砌板垫层失去稳定平衡,因而基土融化时,上部板块顺坡向下滑移、错位、互相穿插、迭叠,其破坏形式如图 1-6 所示;二是渠坡基土冻胀隆起,融化期大面积滑坡,渠坡滑塌,导致坡脚混凝土板被推开,上部衬砌板塌落下滑,其破坏形式如图 1-7 所示。图 1-8 为渠坡基土冻融滑坡导致预制混凝土板滑塌破坏的照片。

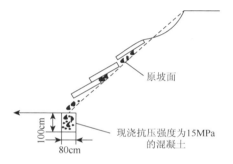

图 1-6  渠道坡脚混凝土板冻胀导致整个护坡破坏

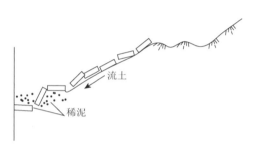

图 1-7  渠坡基土冻融滑坡导致混凝土板滑塌破坏

图 1-8  渠道衬砌板滑塌破坏情况

### 1.3.1.4  整体上抬或下沉

衬砌体结构整体性好、面积较小的渠道,渠道基土冻胀较为均匀的衬砌体可能发生整体顺坡向上推移,如小型混凝土 U 形渠道,如图 1-9 所示。渠坡长度较小，衬砌体下没有垫层的梯形渠道，如果地下水位较深，冻胀量较小的情况下，衬砌体可能发生整体顺坡向上推移，如图 1-10 所示。

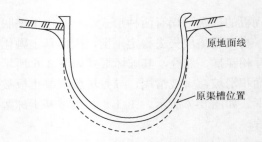

图 1-9　小型混凝土 U 形渠槽发生整体上抬情况

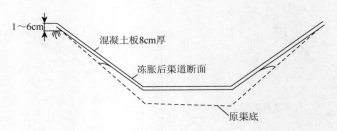

图 1-10　混凝土衬砌整体顺坡向上推移

整体上抬的渠道衬砌体，融化期亦可能由于不均匀沉陷和不能恢复原位，以及通水时水流作用导致裂缝和淘涮、错位和塌陷等破坏，在逐年反复冻融作用下，特别是在衬砌体整体性较差时，如上述后一种衬砌板整体上抬的情况下，这种破坏将变得更加严重。内蒙古灌区某小型 U 形渠道在渠基土反复冻融后造成的破坏情况如图 1-11 所示。

图 1-11　小型 U 形渠道渠基土冻融造成的整体破坏情况

### 1.3.1.5 衬砌板侵蚀剥落

混凝土在凝结硬化过程中会形成许多毛细孔隙，在冬季负温条件下，这些毛细孔隙中的水结冰后体积膨胀，当压力超过混凝土能承受的应力时，混凝土内部就会产生微裂缝，孔隙变大。经过年复一年的冻融循环，混凝土的损伤不断扩大、逐步积累，混凝土中的裂缝相互贯通，强度逐渐降低，造成混凝土破坏。抗冻标号达不到要求和拌制不良的混凝土常发生这种破坏，首先是混凝土表层酥松、剥落，然后向深部发展，以至完全破坏。混凝土衬砌板自身剥落和酥松见图 1-12。

图 1-12 混凝土衬砌板的剥落和酥松

### 1.3.1.6 衬砌板填缝材料脱落

填缝材料脱落的现象在预制混凝土衬砌渠道和现场浇筑的混凝土渠道都能够看到，尤其是在早期修建的预制板衬砌渠道中，由于当时填缝材料主要为砂浆或沥青砂浆，在经受长时间的水流冲刷、日晒、冻融作用等自然条件的影响下，板缝和伸缩缝会逐渐出现脱落现象，填缝材料脱落会渠水下渗，造成衬砌板下积水，影响渠道安全运行。衬砌板填缝材料脱落见图 1-13。

图 1-13 衬砌板填缝材料脱落

#### 1.3.1.7　渠道水胀破坏

　　水胀是指渠道输水运行停水期产生的一种破坏形式。水胀产生的原因主要是在渠道运行中，渠水内渗或外界水源入渗，使得防渗膜后产生渗透水，在渠道水位降落时，防渗膜后水不能及时排出，膜后水产生的扬压力大于砼衬砌板上水压力与衬砌板和板下砂浆重力之和，从而造成渠底和坡脚预制板大面积、连续性隆起，造成衬砌结构破坏，水胀主要发生在挖方渠段的渠底及从坡脚处沿坡面向上一定范围内，如图 1-14 所示。

图 1-14　新疆某引水工程渠道的水胀破坏

#### 1.3.1.8　渠道顶部的开裂

　　现场调研发现有些渠道会出现渠道顶部衬砌或马道开裂的现象，如图 1-15 所示。渠道开裂一般是由渠道边坡压实度不够或者土体长期蠕变造成不均匀沉降所引起，渠道开裂后如不能及时发现处理，则会造成雨水顺着裂缝入渗进渠基土中和防渗体内，从而造成更为严重的冻胀或水胀问题，加速渠道的破坏过程。因此，渠道的日常检查工作中要全面检查渠道裂缝问题，做到早发现、早处理，尤其对于不良地质渠段更应引起重视。

图 1-15　新疆某引水工程渠道顶部开裂

## 1.3.1.9　渠道底部管涌破坏

由于渠道顶部开裂或者地下水位太高，渠道基土内产生很大的孔隙水压力，当渠道没有铺设防渗膜或者防渗膜有渗漏时，水流会携带着基土中的细土颗粒流动，造成细粒土的流失，基土被掏空，最终导致土体内形成贯通的渗流通道，使得渠道底部形成管涌通道。管涌在渠道工程中不是非常多，但也能见到，主要原因在于渠底的防渗或排水措施设置不当或者损毁。新疆某引水工程渠道底部管涌破坏见图 1-16。

图 1-16　新疆某引水工程渠道底部管涌破坏

## 1.3.1.10　膨胀土渠道的滑坡

膨胀土的颗粒组成以颗粒高分散的黏粒为主，黏粒（<2μm）含量通常大于30%，其矿物成分以蒙脱石或蒙脱石伊利石混层矿物为主。膨胀土的工程性质主要有胀缩性、裂隙性、超固结性、崩解性、风化特性、强度衰减性和饱和塑限性。膨胀土渠道在开挖或回填过程中会形成裂隙，新疆北疆供水工程总干渠在开挖过程中，在不同阶段就产生了七次滑坡。膨胀土渠道问题在新疆引水工程、南水北调中线等大型调水工程中都非常严重，虽然进行了大量的研究，但仍然没有很好地解决。图 1-17 为新疆北疆某引水工程膨胀土渠道的整体滑坡。

图 1-17　新疆北疆某引水工程膨胀土渠道的整体滑坡

### 1.3.1.11　预制和现浇混凝土板衬砌破坏的差别

混凝土衬砌渠道分为现浇混凝土衬砌和预制混凝土板衬砌。预制混凝土板衬砌渠道，为了便于施工，预制板一般尺寸较小，重量轻。工程运用实践表明，这种衬砌结构抗冻害能力差。由于渠基土的不均匀冻胀，最常见的是预制混凝土板在接缝处开裂，而预制板本身产生裂缝的较少；在严重冻胀条件下，会出现预制混凝土板块架空、错位、下滑等现象。现浇混凝土衬砌分块较大，接缝少，渗水损失也少，抗冻害能力比预制混凝土板好，这种衬砌结构在渠基土的不均匀冻胀作用下，易产生隆起或出现不规则的裂缝，被裂缝分开的板体间多产生错位，裂缝纵横向都有，但多为纵向裂缝。从上述渠道混凝土渠道破坏的照片前面也可以看出一些差别，图 1-18 更进一步对比了预制衬砌板和现浇混凝土板破坏的差别。

图 1-18　预制混凝土衬砌（左）和现浇混凝土衬砌（右）渠道破坏差异

## 1.3.2　砌石衬砌渠道

砌石用于水利工程有很久远的历史，早在公元前 3 世纪，著名的都江堰和广西灵渠等工程就已采用砌石。由于砌石结构具有坚固、耐久、抗冻性好、耐磨蚀等特点且有就地取材便利、便于施工等优越条件，被普遍地应用于渠道衬砌，20世纪 90 年代以前，砌石渠道在我国的福建、湖南、甘肃、新疆等地有非常广泛的分布。新中国成立初期，砌石使用的胶结材料，在新疆等地多采用干砌卵石，经过运行后混水挂淤，收到较好的固渠防渗效果，也有的用石灰拌制砂浆，后来随着工业的发展，才逐渐采用水泥作为胶结材料。但是，总体来讲，砌石衬砌的防渗效果欠佳、造价较高、施工速度慢，随着经济的发展逐步被混凝土、塑膜材料取代，但在一些石材丰富的山区仍然能够见到。

由于砌石本身也属于刚性材料，其冻害形式与混凝土衬砌相似，但砌石衬砌一般比混凝土衬砌厚度大，整体性好。在强冻胀条件下，砌石衬砌冻胀裂缝往往连片发生，并伴随出现局部鼓起、松动、错开、滑塌等现象。砌石衬砌渠道的坡面裂缝多分布在坡面下部，阳坡裂缝少于阴坡和渠底。此外，砌石衬砌渠道，往往还由于勾缝砂浆受冻融作用而开裂。砌石衬砌渠道见图 1-19。

图 1-19　砌石衬砌渠道

## 1.3.3　沥青混凝土防渗渠道

沥青混凝土的主要组成材料包括沥青、矿物骨料和填料。矿物骨料包括粗骨料（石料）和细骨料（砂料），一般由碱性矿料加工而成，填料一般采用碱性岩石加工的矿粉，一般可将粗骨料、细骨料和填料统称为矿料。沥青是沥青混凝土的胶凝材料，由碳氢化合物及非金属衍生物组成，在常温下呈固体、半固体或黏稠液体，具有良好的黏结性、塑性、不透水性及耐化学腐蚀性。水利工程中防渗胶凝材料采用的主要是沥青。在沥青中掺加橡胶、树脂、高分子和污物，或采取对沥青轻度氧化加工等措施，可制得性能改善的改性沥青。为了防止沥青混凝土低温脆裂，寒冷地区的沥青混凝土渠道防渗工程可采用改性沥青。

沥青混凝土在低温条件下，仍具有一定的柔性，适应冻胀变形能力较强。但当渠基土冻胀产生的拉应力超过其抗拉强度或拉应变超过极限应变时，沥青混凝土将产生开裂。沥青混凝土的温度收缩系数大，在低温条件下易产生收缩裂缝，若不及时处理，就会形成渠水入渗的通路，加重负温期间的冻胀破坏。拌和不匀或碾压不密实的地方，还会出现冻融剥落等破坏现象。此外，在自然条件作用下，沥青混凝土防渗渠道存在逐年老化问题，从而降低了其适应冻胀变形的能力。沥青混凝土防渗渠道因冻胀而产生的裂缝，通常多出现在渠坡的中下部和渠底，阳坡的裂缝也少于阴坡和渠底。沥青混凝土防渗渠道见图 1-20。

图 1-20 沥青混凝土防渗渠道

## 1.3.4 膜料防渗渠道

膜料防渗多采用埋铺式方法，其结构一般包括膜料防渗层、过渡层和保护层等。防渗膜料应具有良好的防渗性、变形能力和强度，能够适应环境水温与气温的变化，具有较大的膜面摩擦系数和幅宽。目前，国内渠道防渗应用方面应用较多的膜料主要有聚合物类膜料、沥青类膜料和复合土工膜料三大类。另外，钠基膨润土防水毯（GCL）也开始试验性地应用于渠道防渗工程。聚合物类膜料是以高分子聚合物为基本原料的防水阻隔型材料，包括聚乙烯薄膜、聚氯乙烯薄膜等（简称塑膜），前者使用低温范围可达−50℃，但抗拉强度低于后者。沥青类膜料是将改性沥青或沥青玛琋脂均匀涂于玻璃纤维布上压制而成的，与塑膜相比，其抗老化、抗裂能力强，但造价高。复合土工膜是将土工织物与塑料薄膜复合压制而成的，具有抗拉强度高、抗穿刺能力强的优点。

多采用埋铺式的膜料防渗渠道的冻害主要表现在膜料的保护层上。当采用混凝土、砌石等刚性衬砌材料作为膜料保护层时，如果渠床地下水位较低，由于这种衬砌防渗结构具有很好的阻隔渗水作用，使渠床土体含水率降低，从而可起到减轻或防止冻胀破坏的作用。但如果渠床的地下水位较高，外来水源补给造成较大的不均匀冻胀时，这种衬砌形式则不能起到防止冻胀破坏的作用，其冻胀破坏形式与前述的混凝土、砌石等衬砌渠道类似。当采用土料保护层时，常因逐年冻融剥蚀，渠道由规则的梯形变成宽 U 形，如图 1-21 所示，保护层局部变薄，甚至膜料外露而遭到破坏。另外，土料保护层的膜料防渗渠道，土料与膜料界面上的积水冬季结冰后会引起保护层的鼓胀破坏，消融后又因水分高、膜面光滑，往往会引起沿膜面的滑塌事故。

采用刚性保护层，一般防冻害的效果好，但在强冻胀性土区，也可能出现类似于前述刚性材料衬砌的冻害形式，具体破坏形式可见 1.3.1 小节。不论采用何种保护层，当膜料和保护层厚度及坡度等处置不当时，都可能发生冻融滑塌。图1-22为膜料防渗渠道的滑塌和修复图。

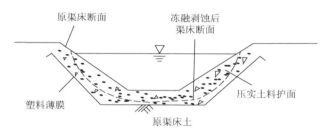

图 1-21　保护层冻融剥蚀后膜料外露示意图

图 1-22　膜料防渗渠道的滑塌（左）和修复（右）图

# 1.4　咸寒区渠道冻害的主要影响因素

　　通过调研发现，咸寒区渠道冻害主要表现为渠道衬砌防渗结构的破坏，而究其原因则是由于下覆渠基土（渠床土）的冻胀所致，渠基土的冻胀是渠道冻害的主要原因，因此，本节首先简要分析下土体冻胀的机理，提出有哪些因素会影响土体的冻胀以至于影响渠道的冻害，并将各种因素对渠道冻害的一般影响规律进行总结归纳。

## 1.4.1　渠基土自身的性质

### 1.4.1.1　土体冻胀的机理

　　研究认为，土体在一定条件下才会发生冻胀，通常把土质、水分和温度三个条件，称为土体冻胀三要素，三者缺一不可。渠道渠基土发生冻胀，也必须同时具备以下三个条件：一是具有冻胀敏感性的土质，二是土壤的含水量超过起始冻胀含水量，三是达到土体冻结的负温并持续一定时间。

渠基土产生冻胀是土体中的水分冻结成冰后体积发生膨胀的结果。在非饱和土冻结时，土体中水分（孔隙水）的体积增量将首先充填剩余空间，土体冻胀量不是很大，其冻胀危害也不大。但当土体在冻结过程中有外界水源补给时，就会发生冻结水分迁移而形成分凝层（Konrad and Morgenstern，1980，1981），使土体的冻胀量急剧增大，其冻胀危害也增大。

渠基土在冻结前，土体中的液相水形成以土颗粒为中心的结晶核，当土体温度达到相应的冻结温度以下时，土体中的水分冻结成冰，出现冰晶体，使土颗粒之间的凝聚力由未冻前的水膜和水的表面张力改变为土颗粒在冰晶体间的分子力作用，从而改变了原土体的物理力学性质，如抗压强度提高、压缩性显著减小、导热系数及导温系数增大等。土冻结成冰时，土体体积约增大 9%，因而发生土体长大现象。在一定的负温作用下，水分与土颗粒表面相互作用力小于冰的结晶力，结晶的冰层吸附相邻土层的水分，冰晶体不断增长（Miller，1972；Takagi，1980）。试验表明，在任意负温下，土体中总有未冻水的存在，因而水分迁移和析冰是连续进行的，但总的强度逐渐减小。

由于在土体冻结过程中发生连续的水分迁移（Beskow，1935），土体中水分（包括未冻区向冻结锋面迁移补给的水分及孔隙中原有的部分水分）冻结成冰，形成冰层，且呈不均匀分布和分层，体积胀大，一方面使下部未冻土层受到压缩，另一方面冻结的渠床表面发生隆起，这种现象即渠基土的冻胀（李萍等，2000）。渠基土冻胀宏观上表现为冬季负温时渠床表面的不均匀升高隆起，与其相反的过程是春季融化后渠床表面融沉下降。

## 1.4.1.2 渠基土冻胀的主要影响因素

### 1）土的颗粒组成对冻胀的影响

土体是由大小不同的颗粒组成，通常用土的粒径和颗粒级配来表示土质情况，土体的颗粒组成是决定土体冻结时水分迁移和冻胀强度的一个基本因素，土体的矿物组成和交换离子特性对水分迁移和冻胀的影响已经被广泛证实（徐学祖等，2001；Bing et al.，2007）。

按照 Taber（1916）的见解，土颗粒尺寸是土体冻结时水分迁移与冻胀过程中一个最有意义的因素。他用石英砂做试验，当颗粒直径 $d$=0.07mm 时，冰析出的现象很弱。粒径减小到 0.01～0.006mm 时，冰析出急剧增加。为确定发生冰析出和冻胀时土颗粒的"临界尺寸"，Beskow（1935）进行了专门的试验研究。他认为，在自然条件下，冻胀实际上总是伴随着冰的析出。在快速冻结时（−14℃），仅在粒径＜0.01mm 的土类观测到土样重量增加和冰析出，而在缓慢冻结时（−2℃），从粒径＜0.05mm 的土类起，即有冰夹层生成，但在冻胀土与无冻胀土之间是不存在一个明显界限的。从土的骨架粒径上看，粒径尺寸（$d$）与土体冻胀有如下关系：

$d \geqslant 0.1$mm 时，冻结过程中不发生水分迁移，在冻结锋面没有水分聚集的冰结层；

$0.05$mm$\leqslant d <0.1$mm，冻结过程中产生轻微的水分迁移，在冻结锋面有水分聚集现象，尤其在开敞型冻结时，会出现弱冻胀；

$0.001$mm$\leqslant d <0.05$mm 时，在冻结期间水分迁移非常剧烈，在冻结锋面可形成很厚的冰夹层，表现出极强的冻胀性。

众多学者（王正秋，1980；吴紫汪，1982；庞国良，1986；陈肖柏等，1987；彭万巍，1988；王家澄等，1995；赵安平，2008）的研究都无一例外地证明土的粒径及其级配是影响土冻胀性的重要因素。随着粒径变细，土粒与水的相互作用增强，土壤渗透性减小，至粉粒含量占主要组成时，冻胀性最强，而到黏粒组成为主要组成时，土粒与土壤水的作用很强，但由于土壤渗透性骤减，影响冻结时水分向冻结缘迁移聚集，故冻胀性反而降低，图 1-23 表示了水分迁移聚集及冻胀强度随矿物颗粒尺寸的变化趋势。

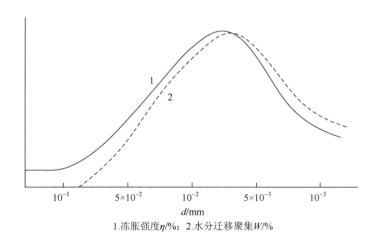

1.冻胀强度$\eta$/%；2.水分迁移聚集$W$/%

图 1-23　水分迁移聚集及冻胀强度随矿物颗粒尺寸而变化趋势

渠道冻胀程度与渠道基土的冻胀量有关，一般来说，随着颗粒粒径减小，土的冻胀性增强，土中粒径小于 0.075mm 的土粒重量占土样总重量的 10%以下为非冻胀土，细粒土及粒径小于 0.075mm 的土粒重量超过土样总重量的 10%的细粒土为冻胀土；土的密度对冻胀也有一定的影响，一般情况，同一含水量、不同干容重的情况下，土的冻胀量不同；相同条件下，土的冻胀量随着含水量的增大而增大。在土的冻胀性分类中，《渠系工程抗冻胀设计规范》（SL23—2006）规定：粗颗粒土中粒径小于 0.075mm 的土颗粒质量占土样总质量的 10%及以下时，为非冻胀性土；细粒土及粒径小于 0.075mm 的土粒质量超过土样总质量的 10%的粗颗粒土为冻胀性土。

　　2）矿物成分对冻胀的影响

　　土的矿物成分包括原生矿物、次生矿物和腐殖质等。对于粗颗粒土来讲，不存在矿物成分对冻胀的影响。只有在粉质土、黏性土之类的细颗粒土中，矿物成分与冻胀的关系才能明显地表现出来（王窈成和刘三会，2000；陈肖柏等，2006）。黏性土的矿物成分是次生矿物，主要有蒙脱土、水云母和高岭土。它们对黏性土冻胀的影响，主要取决于矿物颗粒表面的吸附水能力。蒙脱土具有较强的离子交换能力，它能够牢固地吸附着较多的水分，使毛细管的导水性降低，从而这类土的冻胀性较弱。高岭土与离子交换能力较弱，颗粒表面吸附的水膜有较大的移动性，因而这类土的冻胀性较强。水云母的矿物颗粒表面活性介于上述两种矿物之间。根据黏性土矿物的类型，其冻胀性大小为：高岭土＞水云母＞蒙脱土。

　　土壤中盐分含量对冻胀也有一定影响（De Thury，1828；Thomson，1849；Luquer，1895）。研究发现，在相同条件下，盐渍土冻胀量小于非盐渍土，而盐渍土含盐量增大，冻胀量有所减小（陈肖柏等，1988，1989；李宁远等，1989；邱国庆等，1989；高江平和吴家惠，1997）。

　　3）土的密度对冻胀的影响

　　土的密度对冻胀的影响问题，许多学者（徐学祖等，1996；谭东升等，2011）都进行过不同程度的研究。在讨论土密度对冻胀的影响时，首先要注意到在未冻结前的融土状态是三相体还是二相体，即看未冻土时土中含水量是否达到饱和状态。

　　在孔隙水未饱和的三相体系中，冻胀强度将随土的密度增大而增大，并在某一密度值时达到最大值。这个密度一方面表示土体的孔隙率达到三相体系中的最小值，另一方面又表示一种最佳的颗粒团聚特征能保持水分迁移最有利的条件。土密度进一步增加，进入到两相体系中，水分迁移受阻，冻胀强度随之减小。图 1-24 为俄国学者的试验结果。其中曲线 I 为含水量 24%的重粉质亚黏土样，曲线 II 为完全饱和水时的黏性土（补给水头等于土样高度）。可见，亚黏土的冻胀强度在土孔隙未被水完全充满时随密度增大而增大，直至 A 点达到饱和为止。当土中孔隙水完全饱和则成二相体系，便出现随密度增大而冻胀强度减小，如曲线 I 的下降段及曲线 II。

　　有学者亦观察到类似的关系，其试验是在开放系统下进行的，用各种不同孔隙水饱和度的粉质土冻结。结果显示：随着密度 $\rho_d$ 增加，土冻胀强度随其初始含水率的增大而提高。但开始未完全饱和、而在试验过程中被水饱和的土中，冻胀强度随其密度增大而降低。对于黏性土，在冻胀最适宜的饱和度下，相应于最大

冻胀量时的密度 $\rho_{d(\Delta h_{max})} = (0.8 \sim 0.9) \rho_{opt}$，式中，为土的最佳密度，即标准压实度时的最大密度。

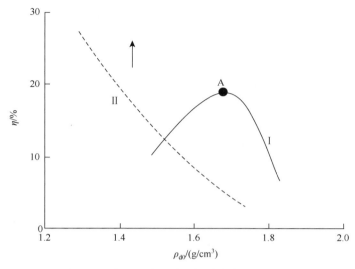

图 1-24　冻胀强度 $\eta$ 随土初始密度 $\rho_{d0}$ 而变化

如果土密度继续增大，即 $\rho_d > \rho_{d(\Delta h_{max})}$，这时的冻胀强度随水分迁移减小而减小，并将在所谓临界密度 $\rho_{dc}$ 时等于零（图 1-25），此后再继续压实，液相水的重分布将不再进行，而由其初始含水率所形成的冻胀强度不会超过弱冻胀的变形极限，即只有原位孔隙水冻结和体积膨胀。土的临界密度可用式

$$\rho_{dc} = 0.92 G_s / (0.92 + W_c G_s)$$

计算，对于实际应用有足够的精度。式中，$G_s$ 及 $W_c$ 分别为土颗粒密度和临界含水量。

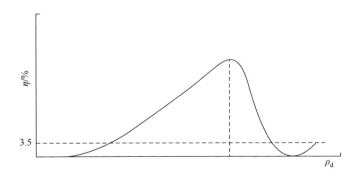

图 1-25　冻胀强度 $\eta$ 随黏性土密度的变化

## 1.4.2　温度条件

当大气温度降低到负温以后并低于土壤水的冻结温度时，才有可能在土中出现冰析出现象。负温是引起土体冻胀的外界条件，土体的冻结过程伴随着土中温度的变化过程。外界通过与土体的各相介质的热交换，使得土体温度下降。每一种土质都有各自的起始冻结温度，土体的冻结温度与土颗粒分散度、矿物成分、含水量以及水溶液浓度有关。土体开始冻结并不意味着冻胀，而引起的冻胀温度要比起始冻结温度低。一般塑性黏土的平均冻结温度为–1.2～0.1℃，而其起始冻胀温度比冻结温度低 0.2～0.8℃（Eldin，1991；Bear and Gilman，1995）。

同一种土质其冻结温度也不是固定的，而是随含水率的增大而提高，含水率越小，冻结温度越低。

黏土、亚黏土、中粗砂等虽土质不同，但其在封闭型冻结时，土体冻胀随土体负温度变化所显现的规律相似，都有土体冻胀率随土温降低而急剧增长阶段、增长缓慢阶段和停止增长阶段，如图 1-26 所示。

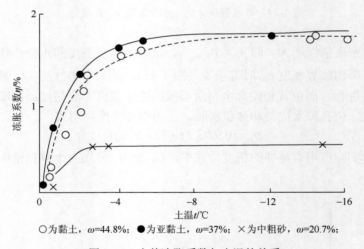

○为黏土，$\omega$=44.8%；　●为亚黏土，$\omega$=37%；　×为中粗砂，$\omega$=20.7%；

图 1-26　土体冻胀系数与土温的关系

对于黏性土来讲，土中温度从起始冻结温度到–3℃左右时，是冻胀剧烈增长阶段，这个阶段所产生的冻胀量占最大冻胀量的 70%～80%；在土温–7～–3℃，冻胀增长缓慢，这段冻胀量增长占最大冻胀值的 15%～20%；当土中温度低于–10℃时，基本上不再发生冻胀，在这阶段的土体冻胀量最多占最大冻胀值的 5%。

对于中粗砂，上述三个阶段的土温为–1～0℃、–2～–1℃、–3～–2℃。土温在第三温度区段时，砂土的冻胀为零，亚黏土为 2%，有的黏土可达 11%。根据原苏联 B·O·O$_{PKOB}$ 等的试验，各类黏性土的冻胀结束温度见表 1-1。

表 1-1　各类黏性土的冻胀结束温度

| 土名 | 塑性指数 $I_p$ | 冻胀结束温度/℃ |
|---|---|---|
| 砂壤土 | $2<I_p\leqslant7$ | −1.5 |
| 粉质砂壤土 | $2<I_p\leqslant7$ | −2.0 |
| 亚黏土 | $7<I_p\leqslant13$ | −2.0 |
| 粉质亚黏土 | $7<I_p\leqslant13$ | −2.5 |
| 亚黏土 | $13<I_p\leqslant17$ | −2.5 |
| 粉质亚黏土 | $13<I_p\leqslant17$ | −3.0 |
| 黏土 | $I_p>17$ | −4.0 |

冻结速度对土体冻胀的影响更为明显，如果土体冻结速度过快，土中水分来不及迁移，导致冻胀率下降；如果冻结速率缓慢，水分向冻结锋面迁移时间长，迁移量大，导致冻胀率大。根据 B·O·O$_{PKOB}$ 等的试验，薄膜水迁移的最大速度的临界值与冻结强度有关。对于含水率大于 25%的粉质土，如果温度梯度超过 0.15℃/cm 时，其冻胀值最大。

## 1.4.3　水分条件

土中水分含量与条件是引起土体冻胀的关键，土中无水就不会冻胀，但是也不是土中有水就一定会产生冻胀。对于每一种土来讲，其含水率都有一个界限，只有超过这个界限后，土中水相变成冰，体积膨胀，才能产生土体冻胀，这个界限含水率称为起始冻胀含水率。土中含水率小于起始冻胀含水率时，土中的原驻水是"冻而不胀"，其原因是在这种含水率的情况下，水相变成冰体积膨胀充填了土的孔隙，地表层并不现实隆起。根据中国科学院兰州冰川冻土研究所的研究，几种典型土的起始冻胀及安全含水率见表 1-2。

表 1-2　几种典型土的起始冻胀及安全冻胀含水率　　　　（单位：%）

| 土名 | 黏土 | 黏土 | 亚黏土 | 亚砂土 | 亚砂土 |
|---|---|---|---|---|---|
| 塑限含水率 $\omega_p$ | 19.1 | 15.7 | 21.0 | 10.5 | 10.2 |
| 起始冻胀含水率 $\omega_b$ | 13.0 | 12.0 | 18.0 | 10.0 | 8.0 |
| 安全冻胀含水率 $\omega_s$ | 20.0 | 17.0 | 22.0 | 13.0 | 12.0 |

在封闭型冻结时，土体的冻胀性大小主要取决于土中原驻水量。但在开敞型冻结时，冻胀性的强弱主要取决于外来水补给情况，特别是地下水位的高低尤其

关键。一般是以地下水位以上的毛细管水高度决定外来水补给的可能性。若在冻结期内，土体的冻结锋面与地下水位的距离小于该种土质的毛细管水上升高度，则认为是开敞型冻结，如果外界冻结强度适宜，则认为是封闭型冻结，土体的冻胀取决于原驻水含量。

根据《冻土工程地质勘察规范》（GB 50324—2001），季节性冻土和季节融化层土的冻胀性，根据土冻胀率大小，按表 1-3 划分为不冻胀、弱冻胀、冻胀、强冻胀和特强冻胀五级。其中：

$$\eta = \Delta z / Z_{\mathrm{d}} \times 100(\%)$$

式中，$\Delta z$ 为地表冻胀量，mm；$Z_{\mathrm{d}}$ 为设计冻深，mm；$h$ 为冻层厚度，mm。

表 1-3  季节冻土与季节融化层的冻胀性分级

| 土的名称 | 冻前天然含水量 $\omega$/% | 冻结期间地下水位距冻结面的最小距离 $h_{\mathrm{w}}$/m | 平均冻胀率 $\eta$/% | 冻胀等级 | 冻胀级别 |
|---|---|---|---|---|---|
| 碎（卵）石，砾、粗、中砂（粒径＜0.074mm、含量＜15%），细砂（粒径＜0.074mm、含量＜10%） | 不考虑 | 不考虑 | $\eta \leq 1$ | I | 不冻胀 |
| 碎（卵）石，砾、粗、中砂（粒径＜0.074mm、含量＜15%），细砂（粒径＜0.074mm、含量＞10%） | $\omega \leq 12$ | ＞1.0 | $\eta \leq 1$ | I | 不冻胀 |
| | | ≤1.0 | $1 < \eta \leq 3.5$ | II | 弱冻胀 |
| | $12 < \omega \leq 18$ | ＞1.0 | | | |
| | | ≤1.0 | $3.5 < \eta \leq 6$ | III | 冻胀 |
| | $\omega > 18$ | ＞0.5 | | | |
| | | ≤0.5 | $6 < \eta \leq 12$ | IV | 强冻胀 |
| 粉砂 | $\omega \leq 14$ | ＞1.0 | $\eta \leq 1$ | I | 不冻胀 |
| | | ≤1.0 | $1 < \eta \leq 3.5$ | II | 弱冻胀 |
| | $14 < \omega \leq 19$ | ＞1.0 | | | |
| | | ≤1.0 | $3.5 < \eta \leq 6$ | III | 冻胀 |
| | $19 < \omega \leq 23$ | ＞1.0 | | | |
| | | ≤1.0 | $6 < \eta \leq 12$ | IV | 强冻胀 |
| | $\omega > 23$ | 不考虑 | $\eta > 12$ | V | 特强冻胀 |
| 粉土 | $\omega \leq 19$ | ＞1.5 | $\eta \leq 1$ | I | 不冻胀 |
| | | ≤1.5 | $1 < \eta \leq 3.5$ | II | 弱冻胀 |
| | $19 < \omega \leq 22$ | ＞1.5 | | | |
| | | ≤1.5 | $3.5 < \eta \leq 6$ | III | 冻胀 |
| | $22 < \omega \leq 26$ | ＞1.5 | | | |
| | | ≤1.5 | $6 < \eta \leq 12$ | IV | 强冻胀 |
| | $26 < \omega \leq 30$ | ＞1.5 | | | |
| | | ≤1.5 | $6 < \eta \leq 12$ | IV | 强冻胀 |
| | $\omega > 23$ | 不考虑 | $\eta > 12$ | V | 特强冻胀 |

续表

| 土的名称 | 冻前天然含水量 $\omega$/% | 冻结期间地下水位距冻结面的最小距离 $h_w$/m | 平均冻胀率 $\eta$/% | 冻胀等级 | 冻胀级别 |
|---|---|---|---|---|---|
| 黏性土 | $\omega \leqslant \omega_p+2$ | >2.0 | $\eta \leqslant 1$ | I | 不冻胀 |
| | | ≤2.0 | $1<\eta \leqslant 3.5$ | II | 弱冻胀 |
| | $\omega_p+2<\omega \leqslant \omega_p+5$ | >2.0 | | | |
| | | ≤2.0 | $3.5<\eta \leqslant 6$ | III | 冻胀 |
| | $\omega_p+5<\omega \leqslant \omega_p+9$ | >2.0 | | | |
| | | ≤2.0 | $6<\eta \leqslant 12$ | IV | 强冻胀 |
| | $\omega_p+9<\omega \leqslant \omega_p+15$ | >2.0 | | | |
| | | ≤2.0 | $\eta>12$ | V | 特强冻胀 |
| | $\omega>\omega_p+15$ | 不考虑 | | | |

## 1.4.4　渠道的走向

由于渠道走向不同，其断面不同部位接受日照强度不同，以及断面不同部位土质和水分条件的差异，从而决定了渠道断面上不同部位冻结的不均匀性，而且这种不均匀性与断面形式、尺寸大小有关。

渠道走向对渠基土冻结的影响非常明显。南北走向的渠道，总体来说，阴阳两坡受日照和风作用的条件差别不是很大，两坡的冻结冻结规律大致相同。但由于坡顶为二相冻结，受力的作用较大，含水量亦较小，故表现为渠坡上部冻深最大，渠底最小，阴坡冻深亦略大于阳坡，南北走向渠道阴坡冻深比阳坡大10%～20%。东西走向的渠道，阴阳两坡的冻深和冻结情况则差别很大。阴坡开始冻结日期比阳坡早，冻结深度亦较大。在同一坡面上阴坡上部，冻深亦较大，阳坡上部除受风的作用较大外，日照亦比渠底强烈，但由于渠顶受两相冻结作用，故上部冻结深度仍比渠底大。总的结果是阳坡坡底的冻深最小，阴坡上部冻深最大。表1-4为内蒙古河套灌区对不同走向渠道基土温度和冻深的观测值。

表 1-4　河套灌区不同走向渠道基本土温度和冻深观测表

| 试验渠道 | 走向 | 观测内容 | 阴坡 | | 渠底 | 阳坡 | |
|---|---|---|---|---|---|---|---|
| | | | 上部 | 下部 | | 上部 | 下部 |
| 永刚分干渠 | 东西 | 20cm 深处地温/℃ | −10.52 | −11.18 | −6.66 | −3.12 | −1.93 |
| | | 冻结深度/cm | 125.0 | 84.7 | 81.7 | 55.3 | 40.7 |
| 西济干渠 | 南北 | 20cm 深处地温/℃ | −5.58 | −5.07 | −4.42 | −3.62 | −3.0 |
| | | 冻结深度/cm | 97.5 | 82.6 | 75.2 | 73.2 | 52.3 |

### 1.4.5　荷载压力

在工程冻土中，建筑荷载（张莎莎，2007）对地基土冻胀有一定的抑制作用。对于正冻土或已冻土来讲，外部荷载将破坏冻土中冰与未冻水的平衡，从而使得土体冻胀量减少。

（1）施加外荷载，致使土颗粒间的接触压应力增大，已冻结晶在压应力的作用下部分融合，只有在更低的温度下才会重新结冰，降低了土中的水冻结的冰点。

（2）在外部荷载的作用下，颗粒间巨大的接触应力，致使未冻水含量增加，且使未冻水由高压应力向低压应力区转移，从而重新结晶。

（3）在外荷载的作用下，会减少未冻土层中水分向冻结锋面迁移，因为压应力影响了水分迁移的"抽吸力"。

因此，在外荷载的作用下，冻土的冻胀量会减少。根据原中国科学院兰州冰川冻土研究所的试验，黏性土含量及冻结条件相似的情况下，土体的冻胀产生与外界压力之间的关系，如图 1-27 所示。

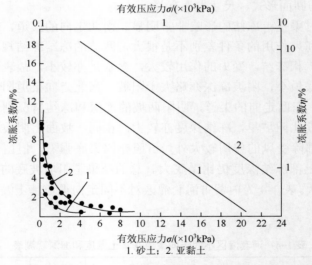

图 1-27　外部荷载对土体冻胀的影响

注：曲线 1、2 对应左、下坐标轴，直线 1、2 对应右、上坐标轴

# 第二章　咸寒区渠基土冻结力学特性

第一章通过咸寒区渠道的大量实地调研，已经说明了渠道破坏的最主要原因在于渠基土的冻胀。渠基土冻结后，是一种复合多相介质，其性质是十分复杂的。只有准确地了解和掌握渠基冻土的力学性质，才能使渠道防冻胀的结构设计更科学、可靠。本章主要通过大量室内试验探讨北疆咸寒区渠基土冻胀变形特性和强度特性。

## 2.1　渠基土盐冻胀变形特性

北疆地区输水灌渠渠系较长，穿越区域包括荒漠、半荒漠地区，地形地质条件复杂。部分渠段地下水水位高，导致渠基土体含水率较高，冬季渠基土的冻胀变形引起了渠道衬砌的严重破坏，影响了渠道的输水效率。特别在某些渠段，渠基土含盐量较高，温度降低时易溶盐吸水结晶体积膨胀，造成了渠道衬砌的鼓胀、裂缝，最终渠道防渗体在水流冲刷下遭到破坏。因此，研究含盐渠基土的冻胀变形特性，对新疆北疆地区输水渠道盐冻害防治有重大意义。

### 2.1.1　试验方法和方案

#### 2.1.1.1　试验材料

前期对北疆季节性冻土区的现场调研表明，当一定含水率的渠基土在温度降低至 0℃以下之后，自由水的原位冻结以及未冻区水分在表面张力和毛细管作用下向冻结区迁移形成的分凝冻胀，使渠基土的体积增大产生冻胀，致使输水渠道衬砌发生鼓胀、错开，造成衬砌的严重破坏。

本次试验材料为取自北疆某输水工程典型渠段的渠基土，按照《土工试验方法标准》（GB/T 50123—1999）规定，首先对土料过 5mm 筛，剔除土料中的砾石和杂质，然后采用四分法备料，以确保试验结果的准确性。最后将制备好的土料过 2mm 筛，称取一定质量的土料进行易溶盐试验。本次易溶盐试验由国土资源部南京矿产资源监督检测中心完成，采用 IRIS Intrepid HX001 型全谱等离子直读光谱仪分析土中易溶盐阴离子和阳离子含量，采用 PHS-3C HX016 型精密 pH 计测试土料的 pH。土料易溶盐试验结果见表 2-1。

表 2-1　土料易溶盐试验 （单位：mg/kg）

| 土样编号 | $Na^+$ | $K^+$ | $Ca^{2+}$ | $Mg^{2+}$ | $HCO_3^-$ | $CO_3^{2-}$ | $Cl^-$ | $SO_4^{2-}$ |
|---|---|---|---|---|---|---|---|---|
| 1 号 | 437 | 7.1 | 198 | 39.1 | 228 | 11.8 | 585 | 545 |

由表 2-1 土料易溶盐试验和 pH 测试结果可以看出，从现场取回的 1 号渠基土易溶盐总量用质量分数表示为 0.2%（以下均为质量分数），pH 为 8.38，所含盐分为硫酸钠、氯化钠与氯化钙、氯化镁、碳酸氢钠等，主要易溶盐为硫酸钠，占盐分总质量的 48.5%。《岩土工程勘察规范》（GB 50021—2001）规定：土中易溶盐含量大于 0.3%并具有溶陷、盐胀、腐蚀等工程特性时应判定为盐渍土。据此可知，1 号渠基土为非盐渍土。

随后对编号 1 的渠基土按照《土工试验方法标准》（GB/T 50123—1999）进行比重试验、颗粒分析试验、液塑限试验、击实试验和风干含水率试验，试验结果见表 2-2 与表 2-3。

表 2-2　颗粒分析试验

| 土样名称 | 颗分试验/% | | | 不均匀系数 $Cu$ |
|---|---|---|---|---|
| | 0.25～0.075mm | 0.075～0.005mm | <0.005mm | |
| 1 号 | 17.9 | 62.1 | 20 | 15.5 |

表 2-3　比重试验、液塑限试验、击实试验

| 颗粒比重 $G_s$ | 液限 $w_L$/% | 塑限 $w_P$/% | 击实试验 | |
|---|---|---|---|---|
| | | | $\omega_{opt}$/% | $\rho_{dmax}$/(g/cm³) |
| 2.70 | 29.1 | 15.2 | 13.5 | 1.89 |

由表 2-2、表 2-3 土的基本性质试验结果可知，编号 1 的渠基土细粒含量为 82.1%，液限含水率为 29.1%，塑性指数 $I_p$ 为 13.9。根据《土的分类标准》（GBJ 145—90），该种渠基土工程名称为低液限黏土。

冻胀试验是通过降低土体温度的方法使土中的硫酸钠和液态水结晶析出，在限制土体侧向变形的条件下，测试得到土体的竖向冻胀变形。本次冻胀变形试验温控设备采用上海一华仪器设备有限公司生产的高低温交变湿热试验箱（图 2-1）控制试验环境的温度和湿度条件，试验过程中保持试验环境湿度不变。本次冻

胀变形试验主要运用高低温交变湿热试验箱调节试验环境的温度和湿度，用以模拟真实的温度和湿度条件。该试验箱控制温度变化范围为$-70\sim100℃$，温度波动度$\pm0.5℃$，温度均匀度$\pm2℃$，降温速率$0.7\sim1℃/min$。湿度变化范围为$30\sim98RH$，湿度均匀度$2\sim-3RH$，工作室尺寸为$700mm\times800mm\times900mm$。

(a) 试验箱外侧及控制面板         (b) 试验箱内部

图 2-1 高低温交变湿热试验箱

## 2.1.1.2 试验方案和方法

### 1）试验方案

由标准击实试验结果可知，编号 1 的渠基土最大干密度为 $1.89g/cm^3$，对应的最优含水率为 13.5%。考虑到一般情况下渠基土压实度要求大于 0.9，因此本书设置试样干密度分别为 $1.70g/cm^3$、$1.80g/cm^3$、$1.85g/cm^3$ 和 $1.89g/cm^3$，研究干密度变化对土体冻胀变形的影响。

从表 2-1 中编号 1 渠基土的易溶盐试验结果可知，该种土的含盐量分别为 0.2%，且土中的易溶盐成分主要为硫酸钠（主要考虑硫酸钠对冻胀变形的影响。书中硫酸钠含量表示质量分数，用"$S$"表示）。本书以编号 1 含盐量为 0.2%的渠基土为素土，考虑土中硫酸钠对盐胀冻胀变形的影响的前提下，通过掺加硫酸钠和水的方式配置 0.2%、1.6%、3.0%和 4.4%四种 $Na_2SO_4$ 含量水平的试样，研究 $Na_2SO_4$ 含量对土体冻胀变形的影响。

干密度和 $Na_2SO_4$ 含量对土体冻胀变形特性影响的试验设计方案见表 2-4。

表 2-4　干密度、含盐量对盐胀冻胀变形影响的试验设计方案

| 试验编号 | $Na_2SO_4$ 含量 $S$/% | 干密度 $\rho_d$/（$g/cm^3$） | 含水率 $\omega$/% |
|---|---|---|---|
| 1 | 0.2 | | |
| 2 | 1.6 | 1.70 | 13.5 |
| 3 | 3.0 | | |
| 4 | 4.4 | | |
| 5 | 0.2 | | |
| 6 | 1.6 | 1.80 | 13.5 |
| 7 | 3.0 | | |
| 8 | 4.4 | | |
| 9 | 0.2 | | |
| 10 | 1.6 | 1.85 | 13.5 |
| 11 | 3.0 | | |
| 12 | 4.4 | | |
| 13 | 0.2 | | |
| 14 | 1.6 | 1.89 | 13.5 |
| 15 | 3.0 | | |
| 16 | 4.4 | | |

　　由于北疆地区输水灌渠线路跨度较长，沿线经过多种地质条件，不同渠段渠基土的性质有较大不同。本书在①$Na_2SO_4$含量为 0.2%、干密度为 1.70$g/cm^3$条件下；②$Na_2SO_4$含量为 4.4%、干密度为 1.70$g/cm^3$条件下；③$Na_2SO_4$含量为 0.2%、干密度为 1.80$g/cm^3$条件下；④$Na_2SO_4$含量为 4.4%、干密度为 1.80$g/cm^3$条件下，对渠基土分别进行了含水率为 9.5%、11.5%、13.5%、15.5%和 17.5% 五种水平下的冻胀变形试验，以探究含水率对土体冻胀变形的影响，试验设计方案见表 2-5。

表 2-5　含水率对盐胀冻胀变形影响的试验设计方案

| 试验编号 | 含水率 $\omega$/% | 干密度 $\rho_d$/（$g/cm^3$） | $Na_2SO_4$ 含量 $S$/% |
|---|---|---|---|
| 17 | 9.5 | | |
| 18 | 11.5 | | |
| 19 | 13.5 | 1.70 | 0.2 |
| 20 | 15.5 | | |
| 21 | 17.5 | | |

| 试验编号 | 含水率 $\omega$/% | 干密度 $\rho_d$/（g/cm$^3$） | Na$_2$SO$_4$含量 $S$/% |
|---|---|---|---|
| 22 | 9.5 | | |
| 23 | 11.5 | | |
| 24 | 13.5 | 1.70 | 4.4 |
| 25 | 15.5 | | |
| 26 | 17.5 | | |
| 27 | 9.5 | | |
| 28 | 11.5 | | |
| 29 | 13.5 | 1.80 | 0.2 |
| 30 | 15.5 | | |
| 31 | 17.5 | | |
| 32 | 9.5 | | |
| 33 | 11.5 | | |
| 34 | 13.5 | 1.80 | 4.4 |
| 35 | 15.5 | | |
| 36 | 17.5 | | |

由于输水渠道防渗结构破坏后行水，部分渠基土可能会处于饱和状态。本书为模拟饱和条件下渠基土的冻胀变形，进行了干密度为 1.70g/cm$^3$、1.80g/cm$^3$、1.85g/cm$^3$ 和 1.89g/cm$^3$ 四种水平，Na$_2$SO$_4$ 含量为 0.2%、1.6%、3.0% 和 4.4% 条件下饱和试样的冻胀变形试验，以探究渠基土在饱和条件下的冻胀变形特性，试验设计方案见表 2-6。

**表 2-6　饱和条件下盐胀冻胀变形影响的试验设计方案**

| 试验编号 | Na$_2$SO$_4$含量 $S$/% | 干密度 $\rho_d$/（g/cm$^3$） | 含水率 $\omega$/% |
|---|---|---|---|
| 37 | 0.2 | | |
| 38 | 1.6 | 1.70 | 21.8（饱和） |
| 39 | 3.0 | | |
| 40 | 4.4 | | |
| 41 | 0.2 | | |
| 42 | 1.6 | 1.80 | 18.5（饱和） |
| 43 | 3.0 | | |
| 44 | 4.4 | | |
| 45 | 0.2 | 1.85 | 17.0（饱和） |

| 试验编号 | Na$_2$SO$_4$ 含量 $S$/% | 干密度 $\rho_d$/（g/cm$^3$） | 含水率 $\omega$/% |
|---|---|---|---|
| 46 | 1.6 | | |
| 47 | 3.0 | 1.85 | 17.0（饱和） |
| 48 | 4.4 | | |
| 49 | 0.2 | | |
| 50 | 1.6 | 1.89 | 15.9（饱和） |
| 51 | 3.0 | | |
| 52 | 4.4 | | |

2）试验方法

温度对硫酸钠溶解度有较大的影响，本次试验选取试样的成型温度为（30±2）℃，以避免在试验前在制样过程中出现盐分结晶现象，从而确保试验的准确性。制备试样时，按照试验方案设计的含水率、含盐量水平，采用人工掺配方法向素土中加入一定质量的水和硫酸钠，遵循《土工试验方法标准》（GB/T 50123—1999）制备一定质量的试验土料。制备土料过程中需要加入的水和硫酸钠质量用式（2-1）与式（2-2）计算：

$$\Delta m_w = m_d \times (\omega' - w_0) \tag{2-1}$$

式中，$\Delta m_w$ 为制扰动土样所需加水质量，g；$m_d$ 为风干土的质量，g；$\omega_0$ 为风干含水率，%；$\omega'$ 为土样所要求的含水率，%。

$$\Delta m_s = m_d \times (s' - s_0) \tag{2-2}$$

式中，$\Delta m_s$ 为制扰动土样所需加硫酸钠质量，g；$m_d$ 为风干土的质量，g；$s_0$ 为初始含盐量，%；$s'$ 为土样所要求的含盐量，%。

将制备好的试验土料装入密封的塑料袋中，室内温度设定为（30±2）℃，静置使土料混合均匀。24h 后将试验土料取出，按照设计干密度称取一定的质量的土料，采用静力压实法制备直径为 61.8mm，高为 20mm 的圆柱形试样。随后迅速将试样装入固结仪并将固结仪百分表调零，将装有试样的固结仪放入高低温交变湿热试验箱。设置试验箱温度依次为 −2℃、−5℃、−10℃、−15℃、−20℃ 和 −25℃，每级温度稳定 8h 后人工读取百分表读数以记录试样的冻胀变形（图 2-2）。

每间隔 8h 进行读数，由式（2-3）计算土体的冻胀率：

$$\eta = \Delta h / H \tag{2-3}$$

式中，$\eta$ 为冻胀率，%；$\Delta h$ 为每一级温度下冻胀变形量，mm；$H$ 为试样的初始高度，mm。

图 2-2　冻胀变形试样

## 2.1.2　干密度对冻胀变形的影响

按照表 2-4 不同 $Na_2SO_4$ 含量水平下土体在不同干密度条件下冻胀变形特性的试验方案，采用低温恒温箱逐级降温的方式进行了渠基土冻胀变形特性的试验研究。为了使试验结果更加直观，本书设置温度为横坐标，土体冻胀率为纵坐标，不同条件下土体冻胀变形随温度变化的试验数据见图 2-3。

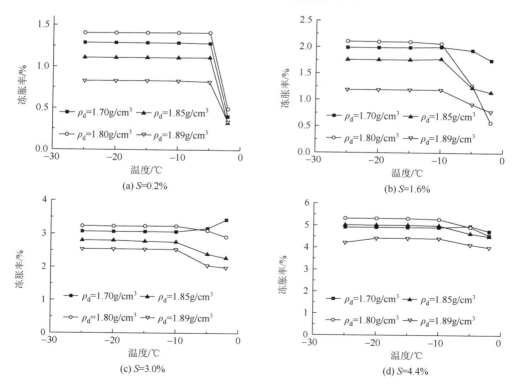

图 2-3　不同干密度下土体冻胀率随温度的变化曲线（$\omega$=13.5%）

从图 2-3 不同 $Na_2SO_4$ 含量下土体冻胀率随干密度变化的试验数据可以看出，当试验温度从 30℃降低到–2℃时，四种含盐量水平的试样均发生了显著的膨胀变形，在试验温度降低至–10℃后，各个试样冻胀变形基本趋于稳定。

$Na_2SO_4$ 含量为 0.2%的一组试样，试验温度从 30℃降低到–2℃时，试样发生冻胀变形，该温度下的冻胀变形占最终冻胀变形量的 40%左右；当试验温度从–2℃降低至–5℃，土体冻胀变形继续增大，该温度区间各干密度水平试样的冻胀变形占最终冻胀变形的 60%左右；当试验温度低于–5℃后，土体冻胀变形基本达到稳定。与 $Na_2SO_4$ 含量为 0.2%的试样有所不同，$Na_2SO_4$ 含量为 1.6%、3.0%、4.4%的三组试样，试验温度从 30℃降低到–2℃时，试样发生了较大的冻胀变形，该温度区间的冻胀变形量占最终冻胀变形量的比例较大，大约为 60%；–5~–2℃区间的冻胀变形小于冻胀变形总量的 40%，各试样在温度降低至–10℃时土体冻胀变形逐步达到稳定；在温度从–10℃降低至–25℃的过程中出现了轻微的"冻缩"现象。从图 2-3 中还可以看出，相同条件下 $Na_2SO_4$ 含量较高的试样冻胀率较大。

由图 2-4 硫酸钠的溶解度曲线可以得知，在 32.4℃时硫酸钠溶解度达到最大，此时硫酸钠全部以硫酸钠溶液的形式存在。温度低于 32.4℃之后硫酸钠溶解度降低，溶液中的硫酸钠开始以无水硫酸钠和十水硫酸钠的形式共存。由式（2-4）计算硫酸钠相变前后体积之比：

$$\frac{V_{Na_2SO_4 \cdot 10H_2O}}{V_{Na_2SO_4}} = \frac{322.22/1.48}{142.06/2.68} = 4.11 \qquad (2-4)$$

式中，$V_{Na_2SO_4 \cdot 10H_2O}$ 为十水硫酸钠的体积，$cm^3$；$V_{Na_2SO_4}$ 为硫酸钠的体积，$cm^3$；十水硫酸钠摩尔质量为 322.2g/mol；硫酸钠的摩尔质量为 142.06g/mol；硫酸钠的比重为 2.68；十水硫酸钠的比重为 1.48。

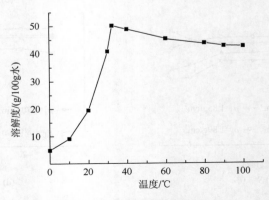

图 2-4　硫酸钠的溶解度曲线

由式（2-4）可知，1 个无水硫酸钠分子吸收 10 个水分子结晶为十水硫酸钠后体积膨胀，增大为原来的 4.11 倍。

根据不同温度下硫酸钠在土中的溶解度特性可知（赵天宇，2009），本次含水率为 13.5%的试验土样在 30℃成型时，试样中的硫酸钠以溶液形式存在，随着试验温度降低至-2℃，在温度梯度作用下土样逐渐降温，当土中硫酸钠浓度大于无水硫酸钠在该温度下的溶解度时，土壤溶液中的硫酸钠开始结晶析出（万旭升和赖远明，2013）；随着试验温度继续降低至-5℃，土中的液态水开始冻结成冰，体积增大为原来的 1.09 倍；温度低于-10℃后，土体中的未冻水含量已经较少，土体冻胀变形基本达到稳定。

由于 $Na_2SO_4$ 含量较低，含盐量为 0.2%的一组试样冻结温度相对较高，-5℃时土体中的液态水大部分冻结成冰，变形达到最大，温度降低至-10℃后，土中固体颗粒体积收缩，试样出现冻缩现象。相比之下，含盐量为 1.6%、3.0%与 4.4%的三组试样，土中盐溶液浓度较大，冻结温度相对较低（徐学祖等，1995）。-2℃条件下，土中的硫酸钠溶液达到过饱和状态开始析出，体积膨胀，使土中的液态水含量大幅降低；当温度低于-5℃后，液态水相变成冰后体积膨胀是土体冻胀变形的主要组成部分；温度继续降低至-10℃时土中未冻水含量随温度的降低变化较小，土体在硫酸钠吸水结晶与液态水相变成冰两种作用下，土体冻胀变形达到最大（张喜发等，2013）。

从图 2-5 可以看出，在含盐量为 0.2%、1.6%、3.0%和 4.4%条件下，干密度从 $1.70g/cm^3$ 增大到 $1.89g/cm^3$ 的过程中，土体冻胀率随干密度的增大先升高后降低，在干密度为 $1.80g/cm^3$ 时冻胀率最大。高江平和杨荣尚（1997）研究了多种因素作用下含氯化钠、硫酸盐渍土的盐胀变形特性，指出干密度与盐胀变形两因素之间呈现开口向下的二次抛物线关系，即随着干密度的增大，土体盐胀变形先增大后减小。袁红和李斌（1995）、褚彩平等（1998）的研究表明，当土体 $Na_2SO_4$ 含量大于 1%时，土体在温度降低过程中的变形主要为盐胀。本书研究土样的压实度范围为 0.90～1.00，处于较高的压实度范围，同时由于土中 $Na_2SO_4$ 含量较高。因此可以推测，在 $Na_2SO_4$ 含量为 1.6%、3.0%与 4.4%三种水平下，土体在温度降低过程中的变形主要为盐胀。

土体冻胀率随干密度增大先升高后降低的现象可解释如下：随着土体温度的降低，土中的硫酸钠和液态水相变结晶，盐分晶体和冰晶首先在土颗粒接触点处生成。随着析出晶体的增加，盐分晶体和冰晶向土体孔隙中发展，并在逐渐填充土体的孔隙之后向土颗粒接触点处发展，进一步加大了土体的膨胀变形。土体的冻胀变形同时受土体骨架的约束作用，干密度从 $1.70g/cm^3$ 增大至 $1.80g/cm^3$ 时，土体孔隙比从 0.59 降低至 0.50，随着孔隙比的降低土体中的孔隙体积减小，降低了土体内部孔隙对十水硫酸钠晶体和冰晶的吸收率，使晶体更多地析出在土体颗

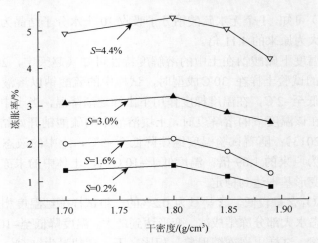

图 2-5　冻胀率与干密度的关系曲线

粒接触处。颗粒接触处析出的晶体增大了土体的变形率,干密度为 1.80g/cm³ 时这种作用最强,土体冻胀变形达到最大。土体干密度从 1.80g/cm³ 增大至 1.89g/cm³ 时,试样孔隙比进一步降低,从 0.5 降低至 0.43。该密度区间内,随着密实度的增加,土体的结构强度增强,土体骨架对变形的约束力增加。与十水硫酸钠结晶和冰晶引起的膨胀应力作用相比,骨架强度增加对土体变形的约束作用更强,限制了土体的膨胀变形,从而使土体的冻胀变形表现出随着干密度的增加逐渐减小的趋势。

李建宇等(2007)对包兰线路基低液限黏土的冻胀变形试验研究表明,在压实度从 0.8 增加至 0.9 的过程中,土体的冻胀率随着压实度的升高先增大后减小。赵安平等(2012)对长春季节性冻土区路基细粒土的冻胀变形特性进行的试验研究表明,在压实度从 0.93 升高至 0.98 的过程中,土体的冻胀率随压实度的增大先升高后降低。王天亮和岳祖润(2013)对不同细颗粒含量细圆砾土的冻胀变形试验结果同样表明,随着试样土样干密度的增大,土体冻胀率先升高后降低,并指出存在一个最不利干密度,在该干密度下土体冻胀率最大。

干密度对土体冻胀变形特性的影响存在不同的研究结论。巨娟丽(2004)对白砂岩土冻胀变形特性的试验研究表明,在饱和条件下土体冻胀率随着干密度的升高而降低。冷毅飞等(2006)研究了公路路基细粒土的冻胀变形特性,指出随着压实度的增加,土体在较低含水率下就达到某一饱和状态,冻胀变形随压实度的升高而降低。吉延俊等(2008)研究了中俄原油管道沿线典型土样的冻胀特性,试验结果表明随着干密度的增大,试样土体的冻胀变形率逐渐降低。

对比上述各研究结论可发现，由于研究条件的不同导致了土体冻胀变形特性随干密度变化出现不同的规律。如巨娟丽（2004）基于饱和条件下的冻胀变形试验得到了土体冻胀变形随干密度增大而减小的结论。冷毅飞等使用的试验土体的压实度变化范围较大，为 0.70～0.93。吉延俊等使用的试验土体在干密度较高水平下含水率较低，在不同的含水率条件下得到了土体冻胀变形随干密度增大而减小的规律，因此并不具有很好的代表性。

总体看来，大多数的研究结论表明在较高压实度条件下，土体冻胀变形率随着干密度的变化基本呈现先升高后降低的规律。

本书采用二次多项式关系对含水率为 13.5%、不同含盐量水平下土体冻胀变形与干密度的变化关系进行拟合，如下式：

$$\eta = a_0 + a_1 \times \frac{\rho_d}{\rho_w} + a_2 \times \frac{\rho_d^2}{\rho_w^2} \qquad (2\text{-}5)$$

式中，$\eta$ 为冻胀率，%；$\rho_d$ 为土体干密度，g/cm$^3$；$\rho_w$ 为水的密度，g/cm$^3$；$a_0$、$a_1$、$a_2$ 为拟合参数，无量纲。

式（2-5）中各系数如表 2-7 所示。

**表 2-7 参数 $a_0$、$a_1$、$a_2$ 值**

| $S$/% | $\omega$/% | $a_0$ | $a_1$ | $a_2$ | $R^2$ |
|---|---|---|---|---|---|
| 0.2 | | −117.043 | 134.488 | −38.614 | 0.99 |
| 1.6 | 13.5 | −188.306 | 216.343 | −61.415 | 0.998 |
| 3.0 | | −134.867 | 156.883 | −44.552 | 0.956 |
| 4.4 | | −278.334 | 319.575 | −89.976 | 0.982 |

由表 2-7 中 $R^2$ 值均大于 0.95 可以看出，用二次多项式关系对含盐土体冻胀率与干密度的关系进行拟合是合理的。

对于一般土体而言，压实度越高力学性质越好，对工程建设越有利。但对于咸寒区的含盐土体，在一定范围内增加土体的干密度会在一定程度上增大土体的冻胀变形，从而对寒区挡土墙、输水渠道衬砌等产生不利影响，因此，咸寒区工程设计中地基密实度应合理取值。

### 2.1.3 硫酸钠含量对冻胀变形的影响

按照表 2-4 的试验方案，采用高低温交变试验箱在逐级降温的条件下进行了干密度为 1.89g/cm$^3$、1.85g/cm$^3$、1.80g/cm$^3$ 与 1.70g/cm$^3$ 时不同 Na$_2$SO$_4$ 含量土体的冻胀变形试验，试验结果如图 2-6 所示。

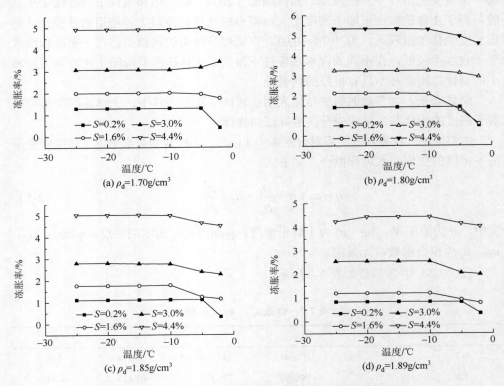

图 2-6　不同 $Na_2SO_4$ 含量下冻胀率随温度的变化曲线（$\omega$=13.5%）

从图 2-6 可以看出，在 1.89g/cm³、1.85g/cm³、1.80g/cm³ 与 1.70g/cm³ 四种干密度水平下，随着试验温度的降低，各试样均发生冻胀变形，当温度降低至−10℃时，试样冻胀变形趋于稳定，随着温度的继续降低，部分试样出现"冻缩"现象。从（表 2-8）不同干密度土体冻胀率随含盐量的变化规律可以看出，$Na_2SO_4$ 含量从 0.2%增加至 4.4%的过程中，土体冻胀变形从小于 1.0%增加至 5.0%左右。

表 2-8　不同干密度下冻胀率随 $Na_2SO_4$ 含量的变化规律（$\omega$=13.5%）

| $S$/% | $\rho_d$=1.89g/cm³ 时的冻胀率/% | $\rho_d$=1.85g/cm³ 时的冻胀率/% | $\rho_d$=1.80g/cm³ 时的冻胀率/% | $\rho_d$=1.70g/cm³ 时的冻胀率/% |
|---|---|---|---|---|
| 0.2 | 0.829 | 1.114 | 1.413 | 1.290 |
| 1.6 | 1.190 | 1.778 | 2.108 | 2.005 |
| 3.0 | 2.538 | 2.801 | 3.232 | 3.169 |
| 4.4 | 4.223 | 5.021 | 5.323 | 4.984 |

　　以表 2-8 中土体冻胀率为纵坐标，$Na_2SO_4$ 含量为横坐标，将含水率为 13.5% 条件下不同干密度土体冻胀率随 $Na_2SO_4$ 含量变化的试验数据绘制图 2-7，从图中可以看出，随着 $Na_2SO_4$ 含量的升高，土体的冻胀率急剧增大，$Na_2SO_4$ 含量越高，土体冻胀变形越大。以干密度为 $1.89g/cm^3$ 的土体为例，$Na_2SO_4$ 含量为 0.2% 时，土体冻胀率为 0.829%，当 $Na_2SO_4$ 含量升高至 4.4%，冻胀率急剧增大至 4.223%。从图 2-7 中还可以看出，随着 $Na_2SO_4$ 含量水平的升高，在其他条件相同的情况下，单位 $Na_2SO_4$ 含量升高引起的冻胀变形增长的速率也有所增大。含盐土体冻胀变形主要是由于易溶盐吸水结晶后体积膨胀所致，由图 2-4 硫酸钠溶解度曲线可知，温度降低时 $Na_2SO_4$ 吸水结晶形成体积膨胀，随着含盐量的升高，温度降低过程中形成的盐分晶体含量升高，引起土体体积增大，在侧向变形受到限制的条件下，表现出竖向变形的增大。

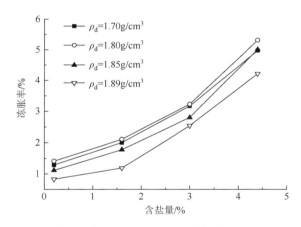

图 2-7　土体冻胀率随 $Na_2SO_4$ 含量的变化曲线（$\omega$=13.5%）

　　袁红和李斌（1995）对西安的黄土掺加不同量的 $Na_2SO_4$ 进行的盐胀变形试验表明，在含盐量为 0.2%～0.5% 时，土体已经可以发生盐胀变形。高江平和吴家惠（1997）运用回归正交设计方法的原理，试验研究了 $Na_2SO_4$ 含量在 0.3%～10.0% 条件下土体盐胀变形与土体含盐量之间的关系，对试验数据的分析表明，土体盐胀变形率随 $Na_2SO_4$ 含量的升高呈二次抛物线规律。当 $Na_2SO_4$ 含量小于 4% 时盐胀率随含盐量的升高增加较快，当 $Na_2SO_4$ 含量大于 4% 时，盐胀率随 $Na_2SO_4$ 含量的升高增长较慢。习春飞（2004）、王俊臣（2005）对新疆水磨河细土平原硫酸盐渍土在含水率 13%、变化土体 $Na_2SO_4$ 含量在 1.0%～5.0% 条件下，试验研究了土体盐胀-冻胀变形与土体含盐量的关系，结果表明，随着土体含盐量的升高，土体变形增大。赵天宇（2009）对戈壁盐渍土在不同含水率、不同 $Na_2SO_4$ 含量条件下土体的盐胀变形试验结果表明，土体盐胀变形随 $Na_2SO_4$ 含量的升高先增大后减小，含盐量对土体盐胀变形的影响存在一个临界值，含盐量低于该值时，土中的盐分以溶液的形式存在，盐胀率随含盐量的升高而增大；含盐量高于该值时，盐胀率随含盐量的升高而减小。

分析以上试验研究可知，冻胀变形受 $Na_2SO_4$ 含量的变化和土体含水率水平的限制。习春飞试验土体含水率为 13.0%，含盐量变化范围为 1.0%~5.0%，在该条件下土体中的盐水比较小，降温过程中有充足的自由水可供盐分吸水结晶，因此变形量随含盐量的升高而增大。相比之下，赵天宇的试验土料含水率较低，含水率水平限制了土体在降温过程中的变形。本书试验土体含水率为 13.5%，$Na_2SO_4$ 含量变化范围为 0.2%~4.4%，同样属于盐水比较大的范围，因此变形量随 $Na_2SO_4$ 含量的升高而增大。

综上可知，在适宜的水分条件下，随着含盐量的增加，温度降低后吸水结晶析出的盐分晶体增多，土体的膨胀变形增大。但在较低的含水率水平下，由于含盐量较高，土中的自由水不能使盐分充分结晶析出，从而在一定程度上限制了土体的变形。可见，含盐土的冻胀变形受土体含盐量和含水率组合控制。

本书选用二次抛物线的关系对冻胀变形率与含盐量的关系进行拟合：

$$\eta = b_0 + b_1 \times S + b_2 \times S^2 \tag{2-6}$$

式中，$\eta$ 为冻胀率，%；$S$ 为 $Na_2SO_4$ 含量，%；$b_0$、$b_1$、$b_2$ 为试验拟合参数，无量纲。

式（2-6）中各参数取值见表 2-9。

表 2-9　参数 $b_0$、$b_1$、$b_2$ 值

| $\rho_d$ /（g/cm³） | $\omega$/% | $b_0$ | $b_1$ | $b_2$ | $R^2$ |
|---|---|---|---|---|---|
| 1.70 | | 1.249 | 0.229 | 0.140 | 1.0 |
| 1.80 | 13.5 | 1.413 | 0.99 | 0.178 | 0.998 |
| 1.85 | | 1.148 | −0.03 | 0.198 | 0.996 |
| 1.89 | | 0.78 | 0.047 | 0.169 | 0.984 |

由表 2-9 对试验数据的拟合得到的参数可以看出，用二次抛物线关系拟合上述四种干密度水平下土体冻胀率与 $Na_2SO_4$ 含量的关系 $R^2$ 值均大于 0.98，表明选用二次抛物线对试验数据进行拟合是合理可靠的。

由以上 $Na_2SO_4$ 含量对土体冻胀变形影响的试验结果可知，在合适的含水率条件下，随着 $Na_2SO_4$ 含量的升高土体冻胀变形急剧增大。因此，在工程建设中控制基土的 $Na_2SO_4$ 含量对建筑物的冻胀防治有重要作用。

## 2.1.4　含水率对冻胀变形的影响

如 2.1.3 小节所述,含盐土的冻胀变形特性受土体含水率的影响。按照表 2-5 的试验方案,本书在干密度为 1.70g/cm³、Na₂SO₄ 含盐量分别为 0.2% 和 4.4%,干密度为 1.80g/cm³、Na₂SO₄ 含量分别为 0.2% 和 4.4% 两种条件下,设置试样含水率水平分别为 9.5%、11.5%、13.5%、15.5% 和 17.5%,研究在不同条件下含水率对含盐土冻胀变形的影响,试验结果见图 2-8 和图 2-9。

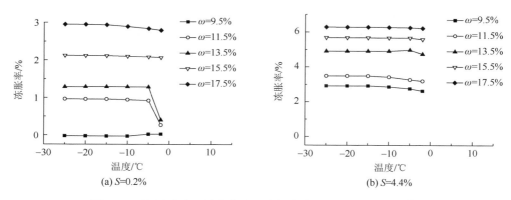

图 2-8　不同含水率下冻胀率随温度的变化曲线（$\rho_d$=1.70g/cm³）

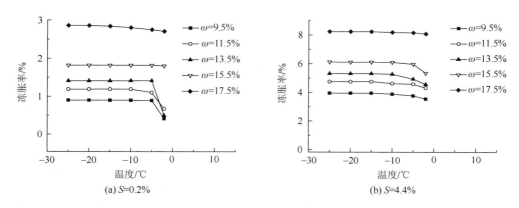

图 2-9　不同含水率下冻胀率随温度的变化曲线（$\rho_d$=1.80g/cm³）

由图 2-8 和图 2-9 不同干密度下不同 Na₂SO₄ 含量水平土体冻胀变形试验数据可以看出,随着温度的降低,土体逐渐发生冻胀变形,当试验温度降低至–10℃,冻胀变形逐渐稳定。相同条件下冻胀率随含水率的升高而增大。表 2-10 给出了不同条件下试样冻胀率与含水率的关系。

**表 2-10　不同干密度下冻胀率随含水率的变化规律**

| $\omega$/% | $\rho_d$ =1.70g/cm³ S=0.2% | $\rho_d$ =1.70g/cm³ S=4.4% | $\rho_d$ =1.80g/cm³ S=0.2% | $\rho_d$ =1.80g/cm³ S=4.4% |
|---|---|---|---|---|
| 9.5 | −0.023 | 2.920 | 0.902 | 3.960 |
| 11.5 | 0.965 | 3.490 | 1.190 | 4.760 |
| 13.5 | 1.287 | 4.917 | 1.409 | 5.321 |
| 15.5 | 2.124 | 5.685 | 1.820 | 6.124 |
| 17.5 | 2.952 | 6.284 | 2.862 | 8.238 |

　　图 2-10 为不同干密度水平下土体冻胀率随含水率变化的试验结果。由图 2-10 可以看出，四种试验条件下土体的冻胀率随含水率的升高而增大，但不同含盐量土体的冻胀变形特性却有所不同。

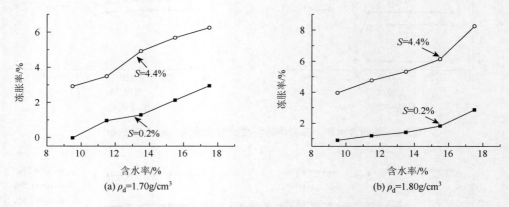

(a) $\rho_d$=1.70g/cm³　　　　　　　　(b) $\rho_d$=1.80g/cm³

图 2-10　不同 $Na_2SO_4$ 含量下冻胀率与含水率的关系曲线

　　干密度为 1.70g/cm³ 和 1.80g/cm³ 条件下，$Na_2SO_4$ 含量 0.2%的试样，在含水率为 9.5%的水平下，冻胀率分别为−0.023%与 0.902%，均小于 1%。随着含水率升高土体冻胀变形增加，当含水率升高至 17.5%时，土体冻胀率均增加至接近 3%。$Na_2SO_4$ 含量为 4.4%的土体，当含水率为 9.5%时，试验土体的冻胀率分别接近 3%（$\rho_d$=1.70g/cm³）和 4%（$\rho_d$=1.80g/cm³），随着含水率升高至 17.5%，试样的冻胀率最终分别稳定在 6.28%（$\rho_d$=1.70g/cm³）和 8.24%（$\rho_d$=1.80g/cm³）。

　　上述试验结果印证了土体的冻胀变形受土体含水率影响较大的结论。对于 $Na_2SO_4$ 含量为 0.2%的试样，当土体含水率较低时，温度降低过程中形成的盐分晶体与冰晶含量较低，冻胀变形较小。随着含水率的升高，土体冻结后形成的冰晶含量升高，析出的冰晶填充于土颗粒接触点并逐渐向土中孔隙之中发展，液体水相变体积的膨胀和接触点处冰晶对骨架的再造作用造成土体的膨胀变形，土体冻胀变形增大。对于 $Na_2SO_4$ 含量为 4.4%的试样，理论上 9.5%的含水率可以使盐分结晶充分析出，所以该种含盐量水平的土体在含水率水平较低的条件下，盐分结晶的体积增大造成了土体的剧烈膨胀。该含盐量水平下，随着含水率的升高形成的冰晶体积增大，土体冻胀率随着含水率的升高而增大。

不少研究者（陈肖柏等，2006；吉延俊等，2008；张以晨等，2009；许健等，2010；彭光亮等，2012；王天亮和岳祖润，2013）根据对多种细粒土在封闭系统下的冻胀变形试验结果，给出了土体冻胀率与土体含水率之间的线性关系式，本书得到的土体冻胀变形随含水率升高线性增大的规律与上述结论一致。同样有部分研究者（赵安平等，2012）根据对季节性冻土区路基土的冻胀变形试验研究结果，指出用指数函数关系描述土体冻胀变形率与土体含水率之间的关系更合适。

描述土体冻胀变形率与含水率的关系时，选用指数函数还是线性函数之间的区别主要存在于含水率较低的开始阶段。从试验土料的颗粒组成可以看出，李建宇等（2007）的试验土料中砂粒含量为 48.5%，其他研究者试验土料中砂粒含量明显低于 40%，另有一部分研究者的试验土料粉粒含量均高于 65%。即对于粗颗粒组含量较高的土体，在含水率较低时，温度降低后形成的冰晶较多地存在于土体孔隙之中，因此在含水率较低时土体冻胀变形增加较缓慢，随着细颗粒含量的升高，土体冻胀敏感性增强（费雪良等，1994），因此细颗粒尤其是粉粒含量较高的土体，冻胀变形随含水率升高较快，表现出线性增加的特性。

对于粗颗粒含量较高的土体，含水率较低时，土体冻胀变形随含水率升高增加较慢，选用指数函数关系能较好的描述土体冻胀变形随含水率的变化特性。而细颗粒含量较高土体，含水率较低的水平下冻胀变形表现出随含水率升高而显著增大的特性。因此，选用线性函数关系描述土体冻胀变形随含水率的变化比较合适。

通过对试验数据的回归分析，给出下列土体冻胀变形与含水率二者之间的线性拟合关系式：

$$\eta = c_0 + c_1 \times \omega \tag{2-7}$$

式中，$\eta$ 为冻胀率，%；$\omega$ 为含水率，%；$c_0$、$c_1$ 为试验拟合参数，无量纲。

式（2-7）中各参数取值见表 2-11。

表 2-11　参数 $c_0$、$c_1$ 值

| $\rho_d$ / (g/cm³) | $S$/% | $c_0$ | $c_1$ | $R^2$ |
|---|---|---|---|---|
| 1.7 | 0.2 | −3.338 | 0.355 | 0.983 |
| | 4.4 | −1.364 | 0.446 | 0.977 |
| 1.8 | 0.2 | −1.435 | 0.227 | 0.890 |
| | 4.4 | −1.105 | 0.496 | 0.922 |

从含水率对土体冻胀变形影响的试验结果可知,随着含水率的升高土体冻胀率接近线性增大,因此渠道的防渗漏措施对防止渠基土的冻胀具有至关重要的作用。

## 2.1.5　饱和土体的冻胀变形

按照表 2-6 的试验方案,进行了干密度为 1.70g/cm³、1.80g/cm³、1.85g/cm³ 和 1.89g/cm³,$Na_2SO_4$ 含量为 0.2%、1.6%、3.0%和 4.4%四种水平下饱和土体的冻胀变形试验,以模拟渠基土在饱和状态的冻胀变形特性,试验结果见图 2-11。

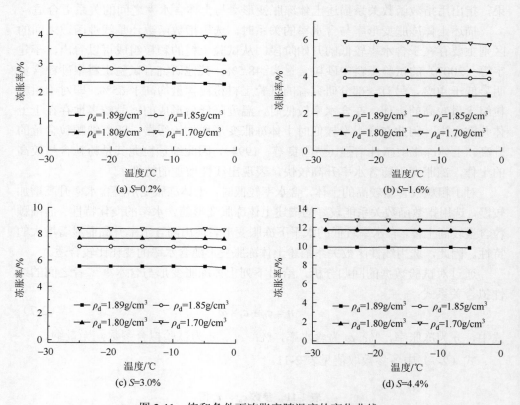

图 2-11　饱和条件下冻胀率随温度的变化曲线

从图 2-11 可以看出,随着温度的降低,土体逐渐发生冻胀变形,相同条件下,干密度越大,土体的冻胀率越小。从图中还可以看出,与非饱和土体的变形特性有所不同,饱和条件下,各试验土体在−2℃时冻胀变形基本趋于稳定,冻缩现象不显著。分别以干密度和 $Na_2SO_4$ 含量为横坐标,土体冻胀率为纵坐标，饱和条件下土体冻胀率与干密度、$Na_2SO_4$ 含量的关系如图 2-12 和图 2-13 所示。

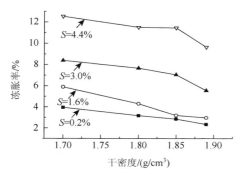
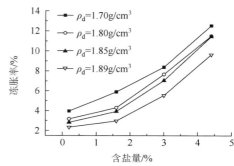

图 2-12　冻胀率与干密度的关系曲线　　　图 2-13　冻胀率与 $Na_2SO_4$ 含量的关系曲线

通过对试验数据的回归分析，本书选用线性关系拟合饱和条件下土体冻胀率与干密度的关系：

$$\eta = d_0 + d_1 \times \frac{\rho_d}{\rho_w} \tag{2-8}$$

式中，$\eta$ 为冻胀率，%；$\rho_d$ 为干密度，$g/cm^3$；$\rho_w$ 为水的密度，$g/cm^3$；$d_0$、$d_1$ 为试验拟合参数，无量纲。

式（2-8）中各参数取值见表 2-12。

表 2-12　参数 $d_0$、$d_1$ 值

| $S/\%$ | $d_0$ | $d_1$ | $R^2$ |
| --- | --- | --- | --- |
| 0.2 | 17.957 | −8.219 | 0.988 |
| 1.6 | 33.374 | −16.177 | 0.982 |
| 3.0 | 31.681 | −13.545 | 0.847 |
| 4.4 | 34.943 | −13.069 | 0.799 |

与 2.1.3 小节相同，选用二次多项式关系拟合饱和条件下土体冻胀率与 $Na_2SO_4$ 含量的关系：

$$\eta = e_0 + e_1 \times S + e_2 \times S^2 \tag{2-9}$$

式中，$\eta$ 为冻胀率，%；$S$ 为 $Na_2SO_4$ 含量，%；$e_0$、$e_1$、$e_2$ 为试验拟合参数，无量纲。

式（2-9）中各参数取值见表 2-13。

表 2-13　参数 $e_0$、$e_1$、$e_2$ 值

| $\rho_d$ / (g/cm³) | $e_0$ | $e_1$ | $e_2$ | $R^2$ |
|---|---|---|---|---|
| 1.70 | 3.860 | 0.721 | 0.281 | 0.999 |
| 1.80 | 2.982 | 0.441 | 0.345 | 0.996 |
| 1.85 | 2.744 | 0.137 | 0.421 | 0.999 |
| 1.89 | 2.359 | −0.286 | 0.443 | 1.000 |

## 2.2　冻结渠基土强度特性

北疆咸寒区的含盐季节性冻土，易溶盐成分主要为硫酸钠，夏季高温条件下硫酸钠以溶液的形式赋存于土体之中，冬季气温下降后土中的硫酸钠发生液相、固相的转换，一个无水硫酸钠分子吸收十个水分子结晶为十水硫酸钠，体积膨胀引起土体结构变化，进而对土体的力学性质产生影响。

### 2.2.1　试验方法和方案

#### 2.2.1.1　试验仪器

冻土单轴抗压强度试验仪如图 2-14 所示，主要部分为液压伺服加载系统、温度控制系统、计算机控制系统，低温试验箱位于伺服加载系统上端［图 2-14（a）］。该试验仪可施加最大轴向试验力为 100kN，精度为 0.1%，低温箱内的温度不均匀度为 ±0.3℃，测量试验过程中试样轴向应变的是位于底座两侧的位移传感器，精度为 0.1%，适用温度范围为−40～60℃，保障了试验数据的可靠性。试验过程由计算机自动控制并采集试验数据。

(a) 冻土单轴试验仪低温箱　　　　　　　　　　(b) 位于低温箱的无侧限试样

图 2-14　WDT-100 型冻土单轴抗压强度试验仪

冻土三轴试验仪［图 2-15（a），图 2-15（b）］主要由主机、小车、电气控制系统、环境箱、液压泵站、计算机和打印机组成，可进行–35～0℃环境下的冻土力学性能试验，环境箱温度不均匀度为±0.3℃。

(a) 冻土三轴试验仪压力室　　　　　　　　(b) 位于压力室的三轴试样

图 2-15　W3Z-200 型三轴试验仪

该试验仪可施加最大轴向力为 200kN，最大围压为 15MPa，围压测量精度为±1%。轴向位移量程为±40mm，精度为±1%，应变速率为 1～5mm/min。本次冻土三轴试验选用直径为 61.8mm，高为 125mm 的圆柱形试样，试验过程全自动微机控制并同时进行试验数据采集与存储。

## 2.2.1.2　试验方案和方法

1）试验方案

由 2.1.1.1 小节的试验研究可知，本次试验土料的易溶盐含量为 0.2%，主要成分是 $Na_2SO_4$。土体最大干密度为 1.89g/cm³，对应的最优含水率为 13.5%。同时调查资料表明，乌鲁木齐最冷月（1 月）的平均气温为–15℃。

以上述基本参数为设计试验的依据，本书选取在最大干密度（1.89g/cm³）、最优含水率（13.5%）条件下，设置 $Na_2SO_4$ 含量为 0.2%、1.6%、3.0%和 4.4%四种水平，分别进行–5℃、–10℃、–15℃和–20℃下土体的无侧限抗压强度试验，研究温度对冻结状态下渠基土无侧限抗压强度的影响，试验设计方案见表 2-14。

表 2-14　不同温度下无侧限抗压强度试验参数表

| $\rho_d$ / ( g/cm$^3$ ) | $\omega$/% | $S$/% | $T$/℃ |
|---|---|---|---|
| 1.89 | 13.5 | 0.2 | −5<br>−10<br>−15<br>−20 |
| 1.89 | 13.5 | 1.6 | −5<br>−10<br>−15<br>−20 |
| 1.89 | 13.5 | 3.0 | −5<br>−10<br>−15<br>−20 |
| 1.89 | 13.5 | 4.4 | −5<br>−10<br>−15<br>−20 |

渠道填土的压实度一般在 0.90 以上，为模拟不同压实度条件下渠基土在冻结状态下的力学特性，本书选择在−10℃，Na$_2$SO$_4$ 含量为 0.2%、1.6%、3.0% 和 4.4% 条件下进行了 1.70g/cm$^3$、1.80g/cm$^3$、1.85g/cm$^3$ 和 1.89g/cm$^3$ 四种干密度水平土体无侧限抗压强度试验，试验设计方案见表 2-15。

表 2-15　不同干密度下冻土无侧限抗压强度试验参数表

| $T$/℃ | $\omega$/% | $S$/% | $\rho_d$ / ( g/cm$^3$ ) |
|---|---|---|---|
| −10 | 13.5 | 0.2 | 1.70<br>1.80<br>1.85<br>1.89 |
| −10 | 13.5 | 1.6 | 1.70<br>1.80<br>1.85<br>1.89 |
| −10 | 13.5 | 3.0 | 1.70<br>1.80<br>1.85<br>1.89 |

续表

| $T/℃$ | $\omega/\%$ | $S/\%$ | $\rho_d / (\text{g/cm}^3)$ |
|---|---|---|---|
| −10 | 13.5 | 4.4 | 1.70 |
| | | | 1.80 |
| | | | 1.85 |
| | | | 1.89 |

　　试验研究表明，含水率（$\omega$）与 Na$_2$SO$_4$ 含量（$S$）对冻土的强度有较大的影响，随着含水率的升高，冻土强度先增加后降低，但冻土最大强度对应的含水率以及该含水率与土体含盐量、干密度的关系并不明确。另外，含盐量对冻土强度影响的研究多集中于含 NaCl 的永久性冻土和滨海盐渍土，对我国广泛分布的内陆季节性冻土的研究较为少见。基于此，本书通过人工掺入水和 Na$_2$SO$_4$ 的方式，进行了不同含水率、Na$_2$SO$_4$ 含量（$S$）条件下处于冻结状态渠基土的无侧限抗压强度试验，试验设计方案见表 2-16 和表 2-17。

表 2-16　含水率对冻土强度影响的试验设计参数表

| $T/℃$ | $\rho_d / (\text{g/cm}^3)$ | $S/\%$ | $\omega/\%$ | | | | | |
|---|---|---|---|---|---|---|---|---|
| −10 | 1.7 | 0.2 | 9.5 | 11.5 | 13.5 | 15.5 | 17.5 | 21.8 |
| | | 4.4 | 9.5 | 11.5 | 13.5 | 15.5 | 17.5 | 21.8 |
| | 1.8 | 0.2 | 9.5 | 11.5 | 13.5 | 15.5 | 17.5 | 18.5 |
| | | 4.4 | 9.5 | 11.5 | 13.5 | 15.5 | 17.5 | 18.5 |

表 2-17　Na$_2$SO$_4$ 含量对冻土强度影响的试验设计参数表

| $T/℃$ | $\rho_d / (\text{g/cm}^3)$ | $\omega/\%$ | $S/\%$ | | | | | |
|---|---|---|---|---|---|---|---|---|
| −15 | 1.7 | 13.5 | 0.2 | 1.6 | 3.0 | 4.4 | 5.8 | 7.2 | 8.6 |
| | | 15.5 | 0.2 | 1.6 | 3.0 | 4.4 | 5.8 | 7.2 | 8.6 |
| | | 17.5 | 0.2 | 1.6 | 3.0 | 4.4 | 5.8 | 7.2 | 8.6 |

　　衬砌在渠基土盐胀冻胀作用下发生的破坏引起了渠道渗漏，使渗漏处的渠基土处于饱和与过饱和状态。因此，本书设计了最大干密度（$\rho_d=1.89\text{g/cm}^3$）条件下饱和土体在不同温度下的三轴压缩试验，以研究饱和条件下温度、围压对冻结渠基土强度特性的影响，试验设计方案见表 2-18。

表 2-18　冻结三轴试验设计参数表

| $\rho_d / (\text{g/cm}^3)$ | $T/℃$ | 围压 $\sigma_3$/MPa |
|---|---|---|
| 1.89 | −5 | 1 |
| | | 2 |
| | | 3 |

续表

| $\rho_d$ /（g/cm³） | $T$/℃ | 围压 $\sigma_3$/MPa |
|---|---|---|
| 1.89 | −10 | 1 |
| | | 2 |
| | | 3 |
| 1.89 | −15 | 1 |
| | | 2 |
| | | 3 |

2）试验方法

本次冻土无侧限抗压强度试验采用直径为 3.91cm，高度为 8.0cm 的圆柱形试样。试样的制作方法如下：首先将晾晒后的土样过 2mm 筛，随后按照设计配比向风干土料中加入一定质量的水和无水硫酸钠，土料用塑料袋包裹闷料 24h。混合均匀后按照试验设计参数称取相应的土料，采用静力压实法分五层击实至设计干密度，拆模并将试样以保鲜膜包裹放入低温恒温冰箱养护 24h 后取出进行无侧限抗压强度试验。冻土三轴压缩试验采用直径为 6.18cm，高度为 12.5cm 的圆柱形试样，按照《土工试验方法标准》（GB/T 50123—1999）制备饱和试样。

冻土无侧限抗压强度试验操作过程如下：首先打开低温单轴试验仪的冷箱，将制冷温度设定为与低温恒温箱养护温度相同，分别为−5℃、−10℃、−15℃和−20℃。试验机冷箱在设定温度下恒温 2h 之后，将试样从恒温低温箱中取出置于单轴试验仪的冷箱，安装试样并调整竖向位移计接触后开始试验，试验数据由计算机自动采集。根据规范，每种试验条件下都进行了三组平行试验，每个试样的无侧限抗压强度取应力应变曲线的峰值强度或者 15%应变对应的强度。为了便于分析，这里以三个平行试样的平均值作为该试验条件下的无侧限抗压强度（三个试样强度的最大值、最小值与平均值之差不超过平均值的 15%）。

冻土的三轴压缩试验过程如下：从低温恒温箱中取出试样，放置于三轴试验仪的压力室，安装试样并调整轴向接触后，设定压力室的温度为试验温度恒温养护 24h，之后施加围压并设定轴向应变速率为 1%/min 进行试验。对轴向应力不出现峰值的试样，应变达到 20%时停止试验。

## 2.2.2　温度对渠基土单轴抗压强度的影响

按照 2.2.1 小节表 2-14 的试验方案，在干密度为 1.89g/cm³，含水率为 13.5%，Na₂SO₄ 含量为 0.2%、1.6%、3.0%和 4.4%四种水平下，分别进行了−5℃、−10℃、−15℃和−20℃四个温度下冻结土体的无侧限抗压强度试验，试验结果见图 2-16～图 2-19。

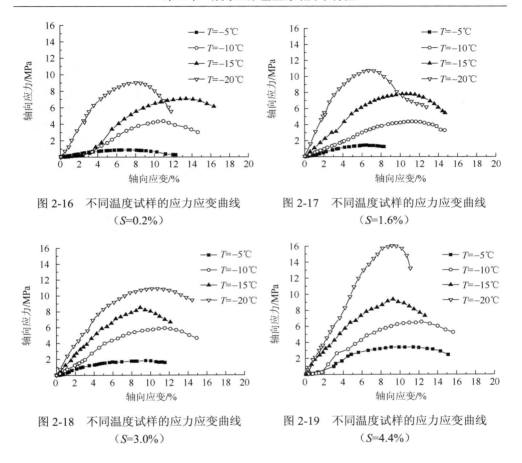

图 2-16　不同温度试样的应力应变曲线
（S=0.2%）

图 2-17　不同温度试样的应力应变曲线
（S=1.6%）

图 2-18　不同温度试样的应力应变曲线
（S=3.0%）

图 2-19　不同温度试样的应力应变曲线
（S=4.4%）

从图 2-16～图 2-19 可以看出，在试验开始阶段，由于试样中低密度区和孔隙的存在，在外荷载作用下试样首先被压密，部分试样轴向应力随轴向应变的增加上升较慢。之后随着轴向应变的增加，轴向应力线性增大，表现出线弹性。当轴向应力达到峰值后，轴向应力随着应变的继续增加快速减小，从不同温度下试样的应力应变曲线可以看出，温度越低，达到峰值后轴向应力随应变增加下降越快，直至试样破坏，破坏形态如图 2-20 与图 2-21 所示。从图 2-16～图 2-19 还可以看出，相同条件下温度越低，试样的峰值强度越高。

从图 2-22 不同 $Na_2SO_4$ 水平下土体无侧限抗压强度随温度的变化规律可以看出，土体强度随着试验温度的降低逐渐升高，相同温度下，$Na_2SO_4$ 含量越高土体强度越大。$Na_2SO_4$ 含量为 0.2%的试样，温度从-5℃降低至-20℃时，无侧限抗压强度从 0.87MPa 升高至 9.01MPa，增加了近 8.14MPa；$Na_2SO_4$ 含量为 4.4%的试样在相同条件下强度从 3.44MPa 升高至接近 13.75MPa，强度增加了 10.31MPa。对比 $Na_2SO_4$ 含量为 0.2%与 4.4%两种水平下土体无侧限抗压强度特性可知，高

Na$_2$SO$_4$含量条件下土体强度的增加幅度显著高于 Na$_2$SO$_4$ 含量为 0.2%的试样。

图 2-20　试样的破坏形态 1　　　　　　图 2-21　试样的破坏形态 2

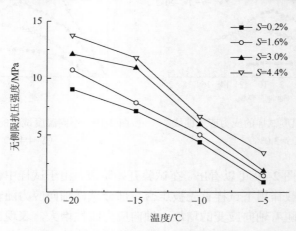

图 2-22　无侧限抗压强度随温度的变化规律

　　Zhu 和 Carbee（1984）研究了饱和粉砂在不同温度下的单轴抗压强度，指出土体的强度随着试验温度的降低而升高，可用指数函数描述两者之间的关系。陈湘生（1991）总结了多个地区多种土质条件人工冻土的瞬时无侧限抗压强度并指出，多数情况下冻结砂和冻结黏土强度与温度之间呈线性关系。李洪升等（1995）研究了含水率大于 30%冻土试样在不同应变速率条件下的无侧限抗压强度，试验结果表明，土体强度受温度的影响明显，随着温度的降低土体强度接近线性升高。马芹永（1996）研究了含水量为 30%的黏土与含水量为 16%砂土的无侧限抗压强度，对试验数据的回归分析表明，两种土的强度均随温度的降低而线性增加。张俊兵等（2003）研究了饱和冻结粉土的单轴抗压强度，试验结果表明冻土强度随着温度的降低呈现出指数函数增加的特性。

　　总体上，冻土强度随温度的降低而升高的基本规律一致。处于完全冻结的状态时，土体的强度主要受冰的强度、冰-土黏结强度和未冻水含量的影响，在一定范围内，温度越低则未冻水含量越低（Hivon and Sego，1995），冰强度越高（马巍等，1995），因此冻土强度随着温度的降低而增加。但冻土无侧限抗压强度随温度的降低而增加的具体特性有不同的研究结论，有的学者认为土体强度随温度的降低呈现线性增加，另外一些学者则认为指数函数关系能较好地描述土体强度与温度之间的关系。

　　分析上述研究结论可知，饱和条件下冻土无侧限抗压强度与温度之间更多表现出指数函数关系（Zhu and Carbee，1984），非饱和条件下冻土强度与温度之间则呈现较好的线性关系，本书同样是在非饱和条件下得到了冻土强度与温度的线性关系。表 2-19、表 2-20 给出了部分研究者试验土体的物理性质指标，可以看出，不同研究者所用试验土料的基本指标不同，从而使冻土的无侧限抗压强度的具体特性有所不同。

**表 2-19　陈湘生（1991）部分试验土体的基本参数**　　　　（单位：%）

| 土名 | $\omega$ | 颗粒组成 | | | | | |
|---|---|---|---|---|---|---|---|
| | | 2～0.5mm | 0.5～0.25mm | 0.25～0.10mm | 0.10～0.05mm | 0.05～0.005mm | ≤0.005mm |
| 黏土 | 17.3 | 2 | 3 | 5 | 7 | 45 | 38 |
| 黏土 | 28.0 | 0 | 0 | 20 | 18 | 20 | 42 |
| 黏土 | 28.0 | 4 | 6 | 17 | 14 | 29 | 30 |
| 黏土 | 16.87 | 0 | 0 | 1 | 20 | 47 | 32 |
| 黏土 | 28.3 | 4 | 6 | 10 | 38 | 22 | 20 |
| 黏土 | 20.8 | 0 | 2 | 3 | 4 | 39 | 52 |
| 黏土 | 21.2 | 1 | 1 | 0 | 1 | 19 | 78 |

**表 2-20　李洪升等（1995）试验土体的基本参数**　　　　（单位：%）

| 土名 | $\omega$ | 颗粒组成 | | |
|---|---|---|---|---|
| | | 0.25～0.075mm | 0.075～0.05mm | ≤0.005mm |
| 轻粉质壤土 | 31.2 | 40 | 45 | 10 |

　　通过对试验数据的分析，本书采用线性关系描述冻土无侧限抗压强度与温度之间的关系：

$$q_\mathrm{u} = f_0 + f_1 \frac{T}{T_0} \tag{2-10}$$

式中，$q_\mathrm{u}$ 为试样的无侧限抗压强度，MPa；$f_0$ 为温度为 0℃土样的无侧限抗压强度，MPa；$f_1$ 为无侧限抗压强度随温度降低而增加的快慢程度，MPa；$T$ 为验温度，℃；$T_0$ 为参考温度，–1℃。

通过回归分析，得到式（2-10）中的参数 $f_0$、$f_1$ 以及 $R^2$ 值，见表 2-21。

表 2-21　参数 $f_0$、$f_1$ 值

| $S$/% | $f_0$/MPa | $f_1$/MPa | $R^2$ |
|---|---|---|---|
| 0.2 | −1.200 | 0.533 | 0.968 |
| 1.6 | −1.415 | 0.613 | 0.977 |
| 3.0 | −1.505 | 0.726 | 0.951 |
| 4.4 | −0.680 | 0.744 | 9.950 |

## 2.2.3　干密度对渠基土单轴抗压强度的影响

为了探讨不同压实度渠基土在冻结状态下的力学特性，按照 2.2.1 小节表 2-15 的试验方案进行了–10℃，含水率为 13.5%，$Na_2SO_4$ 含量分别为 0.2%、1.6%、3.0%、4.4%四种水平下不同干密度冻结土体的无侧限抗压强度试验，试验结果如图 2-23 所示。

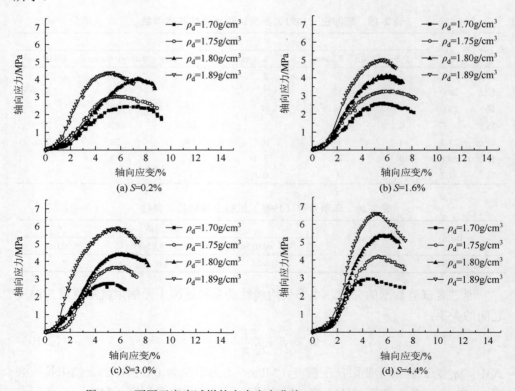

图 2-23　不同干密度试样的应力应变曲线（$T$=−10℃，$\omega$=13.5%）

从图 2-23 可以看出，在-10℃、含水率为 13.5%的条件下，试验的开始阶段，轴向应力随应变的增加缓慢增大，随后试样进入线弹性阶段，轴向应力随着应变的增加接近线性增大，轴向应力达到峰值后随着应变的增加快速下降，最后破坏。从图中同时可以看出，在 Na$_2$SO$_4$ 含量为 0.2%、1.6%、3.0%和 4.4%四种水平下，干密度较大的试样应力峰值较大。

从图 2-24 可以看出-10℃、相同 Na$_2$SO$_4$ 含量水平条件下，随着干密度的增大，土体无侧限抗压强度逐渐增大，在试验范围干密度最大条件下试样的强度最大。从图中还可以看出，Na$_2$SO$_4$ 含量越高的试样强度较大。

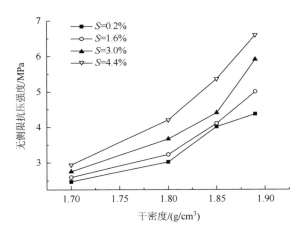

图 2-24　无侧限抗压强度随干密度的变化规律

冻土强度随干密度的变化规律可解释如下：非饱和冻土作为一种固体颗粒、冰、液态水、气的四相体系，强度主要受冰-土颗粒之间的相互作用力和土体中的冰晶含量的控制，同时受土体孔隙条件等因素的影响。其他条件相同时，干密度越大孔隙率越低，土体内能够承载的有效接触面积越大，土体强度越高刘增利等（2002）。同时，干密度较大条件下土颗粒之间的黏结力大，抑制了土体在土体降温过程中的盐胀和冻胀变形，减少了冻土裂隙的产生，对冻土无侧限抗压强度的升高起到了有利作用。

通过对试验数据的回归分析，本书选用指数函数描述土体无侧限抗压强度与干密度的关系，如下：

$$\frac{q_u}{q_0} = g_0 \times \left(\frac{\rho_d}{\rho_w}\right)^{g_1} \tag{2-11}$$

式中，$q_u$ 为土体的无侧限抗压强度，MPa；$q_0$ 为参考强度，MPa；$g_0$、$g_1$ 为试验参数，无量纲；$\rho_d$ 为干密度，g/cm$^3$。

通过回归分析得到式（2-11）中的参数，见表2-22。

**表 2-22　参数 $g_0$、$g_1$ 值**

| $S/\%$ | $g_0$ | $g_1$ | $R^2$ |
|---|---|---|---|
| 0.2 | 0.081 | 6.336 | 0.933 |
| 1.6 | 0.098 | 6.096 | 0.950 |
| 3.0 | 0.102 | 6.162 | 0.981 |
| 4.4 | 0.106 | 6.277 | 0.976 |

### 2.2.4　含水率对渠基土单轴抗压强度的影响

按照 2.2.1 小节表 2-16 的试验方案，进行了不同含水率水平渠基土在冻结状态下的无侧限抗压强度试验研究，试验结果如图 2-25 与图 2-26 所示。

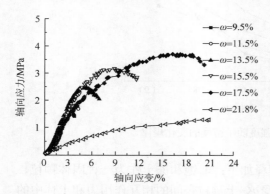

图 2-25　不同含水率下试样应力应变曲线
（ $\rho_d$ =1.70g/cm³， $S$=0.2%）

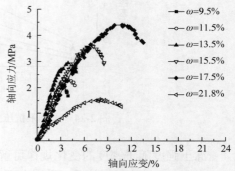

图 2-26　不同含水率下试样应力应变曲线
（ $\rho_d$ =1.70g/cm³， $S$=4.4%）

图 2-25 和图 2-26 中温度为–10℃，干密度为 1.70g/cm³ 条件下，$Na_2SO_4$ 含量为 0.2% 和 4.4% 两种水平时不同含水率冻结渠基土无侧限条件下的应力应变曲线，从图中可以看出：

（1）对于 $Na_2SO_4$ 含量为 0.2% 的土体，含水率为 9.5%～15.5% 条件下，轴向应力随着应变的增加逐渐升高，达到峰值后随着应变的增加快速降低，表现出明显的脆性；含水率为 17.5% 时，轴向应力随着应变的增加缓慢增加至峰值，达到 20% 应变时轴向应力下降幅度较小；含水率为 21.8%（饱和）的土体，轴向应力随着应变的增加接近线性增大，出现明显的塑性硬化现象，直至达到 20% 的轴向应变（$\varepsilon$=20% 为试验停止条件）。

（2）对于 $Na_2SO_4$ 含量为 4.4%的土样，从图 2-26 中可以看出，在含水率为 9.5%～21.8%的条件下，轴向应力随着应变的增加达到峰值后均逐渐降低，表现出脆性破坏特征。

图 2-27 和图 2-28 为–10℃、干密度为 1.80g/cm³，$Na_2SO_4$ 含量为 0.2%和 4.4% 两种水平下不同含水率土体无侧限条件下的应力应变曲线，从两图中可以看出：

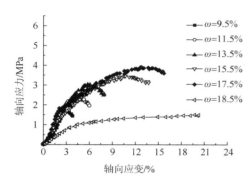

图 2-27　不同含水率下试样应力应变曲线　　图 2-28　不同含水率下试样应力应变曲线
（$\rho_d$=1.80g/cm³，$S$=0.2%）　　　　　　　（$\rho_d$=1.80g/cm³，$S$=4.4%）

（1）对于 $Na_2SO_4$ 含量为 0.2%的土体，含水率为 9.5%～13.5%条件下，轴向应力随着轴向应变的增加达到峰值后迅速降低，最后破坏。含水率为 15.5%与 17.5%条件下，轴向应力随着应变的增加缓慢增加直至峰值，之后随着应变的增加应力轴向应力下降，直至破坏。对于含水率为 18.5%（饱和）的土体，在应变小于 4%时，轴向应力随着应变的增加线性增大，之后轴向应力随着应变的增加以较小的幅度线性增大直至试验停止，出现塑性硬化现象。

（2）对于 $Na_2SO_4$ 含量为 4.4%的土体，含水率在 9.5%～18.5%的条件下各试样轴向应力随着轴向应变的增加达到峰值后逐渐降低，均表现为脆性破坏特征。

图 2-25～图 2-28 表明，冻结渠基土的应力应变特性受含水率和 $Na_2SO_4$ 含量两个因素的影响。在较低的含盐水平下，随着含水率的升高，土体破坏形式由脆性转变为塑性，峰值应力先增加后降低；在较高 $Na_2SO_4$ 含量条件下试样峰值应力较高，脆性特征较明显。

图 2-29 和图 2-30 表示在–10℃、含盐量为 0.2%与 4.4%两种水平下，干密度分别为 1.70g/cm³、1.80g/cm³ 条件下试样无侧限抗压强度随含水率变化的试验结果。从图中可以看出，四种条件下土体的无侧限抗压强度随着含水率的升高先增加，在含水率为 17.5%（$\omega_{opt}$=13.5%）时达到最大，之后随着含水率的继续升高强度急剧降低。从图中相同干密度不同 $Na_2SO_4$ 含量条件下土体的强度值可以看出，$Na_2SO_4$ 含量较高的土体强度较大。对比不同干密度下相同 $Na_2SO_4$ 含量的土

体强度随含水率变化的试验结果可以发现，在干密度较大条件下（1.80g/cm³），含水率每升高 1%引起的强度增加值大于干密度较小的土体（1.70g/cm³）；在土体的强度达到最大后，随着含水率的升高干密度较大（1.80g/cm³）土体的强度下降幅度较大。

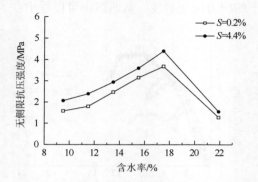 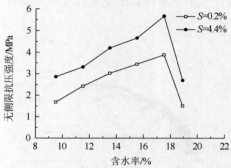

图 2-29　无侧限抗压强度与含水率的关系曲　　图 2-30　无侧限抗压强度与含水率的关系曲
　　　　　线（$T$=−10℃，$\rho_d$=1.70g/cm³）　　　　　　　线（$T$=−10℃，$\rho_d$=1.80g/cm³）

冻结土体无侧限抗压强度随含水率的变化可解释如下：在相同的干密度条件下，含水率越高，在降温过程中形成的冰晶含量越高，随着冰晶含量的升高，冰晶逐渐从接触点处发展至土中孔隙并相互联结（王文华，2003）。当含水率达到一定程度时，会出现一种冰晶的饱和状态，此时土体强度最高，对应着土体无侧限抗压强度的峰值。而随着含水率的继续升高，土体中液态水相变成冰所造成的体积的膨胀已不能全部被孔隙容纳，进而在土体内形成新的冻胀发展裂隙，导致土体强度的降低。

试验说明，冻结低液限黏土的无侧限抗压强度随含水率的升高存在着先增大后减小的基本规律。对于本次试验所用的北疆地区渠基土，冻结条件下无侧限抗压强度最大值对应的含水率为 17.5%，含水率小于该值时，冻土强度随着含水率的升高而增加，含水率高于该值时，冻土强度随着含水率的升高而降低。该含水率值在本次试验范围内不受土体干密度和 $Na_2SO_4$ 含量的影响。

## 2.2.5　硫酸钠含量对渠基土单轴抗压强度的影响

按照 2.2.1 小节表 2-17 的试验方案，进行了不同 $Na_2SO_4$ 含量水平渠基土在冻结状态下的无侧限抗压强度试验研究，结果如下。

在−15℃、干密度为 1.70g/cm³、含水率为 15.5%条件下不同 $Na_2SO_4$ 含量水平土体无侧限抗压强度试验的应力应变曲线可以看出（图 2-31），在含盐量为 0.2%～

5.8%时，各含盐量水平试样轴向应力随着应变的增加缓慢升高至峰值后随着应变的增加逐渐降低，直至试验结束［对于有轴向应力峰值的无侧限抗压强度试验，根据《人工冻土物理力学性能试验》（MT/T 593.1—2011）规定，当力值到峰值后增加 3%～5%的应变后停止试验］。当含盐量高于 5.8%后，土体轴向应力在达到峰值后降低较快，直至试验结束。从图 2-31 中的应力应变曲线可以看出，含盐量 7.2%、8.6%条件下土体脆性破坏特性明显。

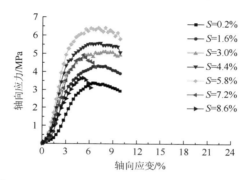

图 2-31　不同 $Na_2SO_4$ 含量试样应力应变（ $\rho_d=1.70g/cm^3$ ， $\omega=15.5\%$ ）

从图 2-32 土体无侧限抗压强度随 $Na_2SO_4$ 含量变化的试验结果可以看出，土体强度随着 $Na_2SO_4$ 含量的升高先增加，达到最大强度后随着 $Na_2SO_4$ 的继续升高而降低。为了能更加清晰地揭示土体强度随 $Na_2SO_4$ 含量的变化规律，将图 2-32 按最大强度划分为最大强度前和最大强度后两种变化关系，分别如图 2-33 和图 2-34 所示。

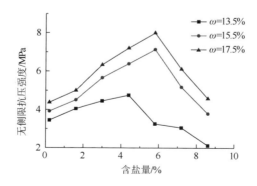

图 2-32　不同含水率水平无侧限抗压强度与 $Na_2SO_4$ 含量的关系曲线

图 2-33 表明：土体在三种不同含水率下都表现出类似的性质，即强度随着 $Na_2SO_4$ 含量的升高而增大，直至达到最大强度。但不同含水率水平下土体强度随

$Na_2SO_4$ 含量的变化特性不同，相同条件下，含水率越高强度越大，并且在较高含水率水平下单位 $Na_2SO_4$ 含量升高引起的强度增加值较大。

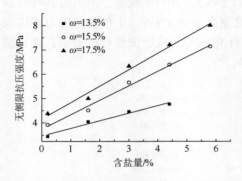

图 2-33　无侧限抗压强度随 $Na_2SO_4$ 含量升　　图 2-34　无侧限抗压强度随 $Na_2SO_4$ 含量升
高而增大阶段　　　　　　　　　　　　　高而减小阶段

图 2-34 表明：达到最大强度后，三种不同含水率的土体也都表现出相似的特征，即强度随着 $Na_2SO_4$ 含量的升高而降低，且含水率水平越高，单位 $Na_2SO_4$ 含量升高引起的强度降低值越大。

图 2-33 和图 2-34 共同表明：以最大强度为分界点，上升阶段和下降阶段的土体强度随 $Na_2SO_4$ 含量的变化都近似呈现出线性变化规律。可以用式（2-12）表示土体强度与含盐量的关系：

$$q_u = m_0 + m_1 S \qquad\qquad (2\text{-}12)$$

式中，$q_u$ 为土体的无侧限抗压强度，MPa；$S$ 为土体 $Na_2SO_4$ 含量，%；$m_0$ 在上升阶段表示土体含盐量为 0 时的土体强度，MPa，在下降阶段表示含盐量为 0 时的土体强度在纵坐标轴的截距，MPa；$m_1$ 为土体强度上升或下降程度的快慢，MPa。

按照式（2-12）对试验数据进行回归分析，得到不同含水率水平下的 $m_0$ 和 $m_1$ 的数值，见表 2-23。

表 2-23　参数 $m_0$、$m_1$ 值

| $\omega$/% | | $m_0$/MPa | $m_1$/MPa | $R^2$ |
|---|---|---|---|---|
| 13.5 | 上升段 | 0.31 | 3.46 | 0.980 |
| | 下降段 | −0.58 | 7.06 | 0.919 |
| 15.5 | 上升段 | 0.59 | 3.74 | 0.992 |
| | 下降段 | −1.19 | 12.29 | 0.99 |
| 17.5 | 上升段 | 0.68 | 4.16 | 0.989 |
| | 下降段 | −1.22 | 13.32 | 0.996 |

从 2.1.2 小节图 2-4 中 $Na_2SO_4$ 的溶解度曲线可以看出，低温下 $Na_2SO_4$ 的溶解度较低，即使原溶液的浓度较高，也会在低温下因降温处于过饱和状态而析出盐晶，因此 $Na_2SO_4$ 溶液的冰点降低不多，该推论从硫酸盐渍土的冻结温度与 $Na_2SO_4$ 含量的关系曲线（图 2-35）、土体冻结温度与 $Na_2SO_4$ 含量和 NaCl 含量的关系曲线（图 2-36）可以得到证实。对于处于某一负温的含 $Na_2SO_4$ 盐土体，随着温度的降低，土中的 $Na_2SO_4$ 溶液逐渐处于过饱和而吸水结晶（万旭升和赖远明，2013），一个 $Na_2SO_4$ 分子吸收十个水分子形成 $Na_2SO_4·10H_2O$。随着 $Na_2SO_4$ 含量的升高，结晶析出的盐分增多，土中的盐溶液浓度降低，因此在相同温度下土中的未冻溶液含量降低，未冻水含量降低，从而使土体强度表现出随含盐量升高而增加的特性。同时，随着结晶增加，析出的晶体逐渐填充土体孔隙，使试样中存在的低密度区密度增大（刘增利等，2002），在土中起到骨架的作用。另外，$Na_2SO_4·10H_2O$ 晶体之间相互胶结（李宁远等，1989），具有承受剪切变形的能力（Marcin，2014），这些因素对土体强度的升高均起到了有利作用。

随着土中 $Na_2SO_4$ 含量的继续升高，降温过程中可用于无水硫酸钠结晶吸收的自由水含量降低。如对于含水率为 13.5%、含盐量为大于 4.4%，含水率为 15.5% 和 17.5%、含盐量为大于 5.8% 的情况，根据 $Na_2SO_4$ 的溶解度曲线可知在 30℃ 制样时，上述 $Na_2SO_4$ 含量的试样中溶液已处于过饱和状态。降温过程中由于自由水含量有限，导致未能结晶析出的 $Na_2SO_4$ 含量较高，孔隙溶液浓度较大，未冻水含量较高，强度表现出随含盐量升高而降低的特性。

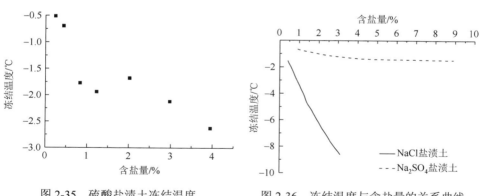

图 2-35　硫酸盐渍土冻结温度　　　　　图 2-36　冻结温度与含盐量的关系曲线
（万旭升和赖远明，2013）　　　　　　　　　　（冯挺，1989）

通过本小节的试验研究发现，对于处于冻结状态的低液限黏土，其无侧限抗压强度随着 $Na_2SO_4$ 含量的升高而增大，在某一 $Na_2SO_4$ 含量水平下强度最大后随着 $Na_2SO_4$ 含量的继续升高强度急剧降低，存在"拐点含盐量"，并且该"拐点含盐量"受土体含水率的影响。

### 2.2.6 渠基土三轴抗压强度特性

按照 2.2.1 小节表 2-18 的试验方案，进行了不同温度条件下的冻土三轴压缩试验，偏应力-应变 [(σ₁-σ₃)-ε] 曲线如图 2-37～图 2-39 所示。

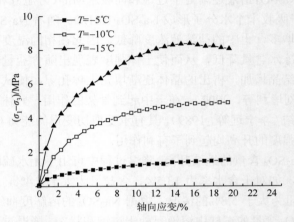

图 2-37　不同温度条件下偏应力与轴向应变关系曲线（$\sigma_3$ =1MPa）

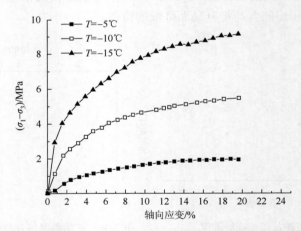

图 2-38　不同温度条件下偏应力与轴向应变关系曲线（$\sigma_3$ =2MPa）

从图 2-37～图 2-39 可以看出，相同围压、不同温度下各试样的偏应力-轴向应变曲线形态相似，大体上均呈现应变硬化型。在加载初期，轴向应力随着应变的增加线性增大，试样处于线弹性阶段，随着应变的增加试样逐渐屈服后进入硬化阶段，在该阶段，轴向应力随着轴向应变的增加缓慢增大，直至轴向应变达到

20%。从试验土样的应力应变曲线可以看出，对于该种低液限黏土，在围压增加至 3MPa 的条件下，土体均呈现塑性破坏特征。从图中还可以看出，相同围压下随着温度的降低破坏强度明显升高。

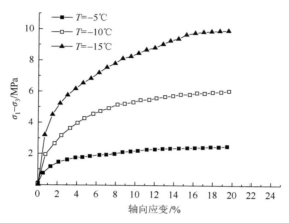

图 2-39 不同温度条件下偏应力与轴向应变关系曲线（$\sigma_3$＝3MPa）

图 2-37～图 2-39 中试验范围内各应力应变曲线均没有应力峰值出现，因此按照《人工冻土物理力学性能试验》（MT/T 593.1—2011）对没有峰值的应力应变曲线，取 20%轴向应变对应的偏应力作为试样的破坏强度 $q_f$。下面就不同温度、不同围压条件下破坏强度 $q_f$ 的变化规律进行分析，如图 2-40 和图 2-41 所示。

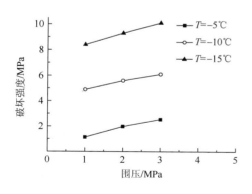

图 2-40 破坏强度与围压的关系曲线

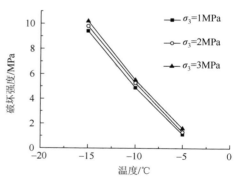

图 2-41 破坏强度与温度的关系曲线

图 2-40 表示在–5℃、–10℃和–15℃条件下，围压对冻结含盐低液限黏土破坏强度 $q_f$ 的影响。从图 2-40 中可以看出，随着围压的增加，土体的破坏强度接近线性增大，相同条件下温度较低的土体破坏强度明显较高。图 2-41 表示在围压为 1MPa、

2MPa、3MPa 水平下，温度对冻结含盐低液限黏土破坏强度 $q_f$ 的影响。从图 2-41 中可以看出，随着温度的降低，冻土的破坏强度逐渐增大，并随着温度的降低近似呈现线性规律增长；还可以看出，相同条件下，围压较高条件下土体的破坏强度较大。

冻土的强度主要取决于冰的强度、土骨架强度、土-冰骨架的胶结强度。随着温度的降低，冰晶中氢的活动性减弱引起冰结构的强化，因此冰的强度随着温度的降低而升高。随着温度的降低，土中的未冻水含量降低，冰晶含量升高，冰-土胶结增强，土体强度升高（Anderson and Tice，1972）。同时，对于该种冻结低液限黏土，在外荷载作用下，围压的升高抑制了土体裂隙的增长，使粒间摩擦力和咬合作用增强（马巍等，1995），土体破坏强度表现出随围压的升高而增大的特性。

通过对试验数据进行回归分析，本书选用线性关系对破坏强度与温度的关系进行拟合，见式（2-13）：

$$q_f = n_0 + n_1 \frac{T}{T_0} \qquad (2\text{-}13)$$

式中，$q_f$ 为破坏强度，MPa；$n_0$ 为温度为 0℃时土体的破坏强度，MPa；$n_1$ 为土体破坏强度随温度降低增加的快慢，MPa；$T$ 为试验温度，℃；$T_0$ 为参考温度，℃。

通过回归分析得到式（2-13）中的参数，见表 2-24。

表 2-24　参数 $n_0$、$n_1$ 值

| $\sigma_3$/MPa | $n_0$/MPa | $n_1$/MPa | $R^2$ |
|---|---|---|---|
| 1 | −1.903 | −0.687 | 1.00 |
| 2 | −1.723 | −0.737 | 1.00 |
| 3 | −1.323 | −0.758 | 0.99 |

同样对破坏强度 $q_f$ 与围压的关系进行拟合，关系式如下：

$$q_f = r_0 + r_1 \frac{\sigma_3}{\sigma_0} \qquad (2\text{-}14)$$

式中，$q_f$ 为破坏强度，MPa；$\sigma_3$ 为围压，MPa；$\sigma_0$ 为参考围压，MPa；$r_0$ 为围压为 0 时土体的破坏强度，MPa；$r_1$ 为土体破坏强度随围压变化的快慢，MPa。

通过回归分析得到式（2-14）中的参数，见表 2-25。

表 2-25　参数 $r_0$、$r_1$ 值

| $T$/℃ | $r_0$ | $r_1$ | $R^2$ |
|---|---|---|---|
| −5 | 1.053 | 0.485 | 0.994 |
| −10 | 4.330 | 0.610 | 0.993 |
| −15 | 7.603 | 0.845 | 0.997 |

通过分析，得到不同温度条件下冻结含盐低液限黏土黏聚力 $C$ 和内摩擦角 $\varphi$ 的变化规律，如图 2-42 所示。

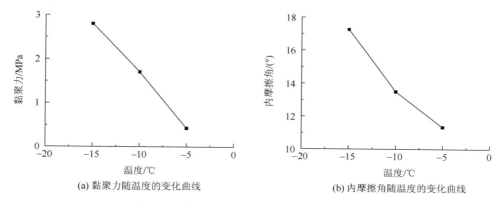

(a) 黏聚力随温度的变化曲线　　　　　　(b) 内摩擦角随温度的变化曲线

图 2-42　黏聚力和内摩擦角随温度的变化曲线

从图 2-42 可以看出，冻结低液限黏土的黏聚力和内摩擦角随着温度的降低逐渐升高。在−5℃时，土体黏聚力为 0.43MPa，内摩擦角为 11.35°；温度降低至−10℃，土体黏聚力和内摩擦角分别升高至 1.71MPa 和 13.5°；温度继续下降至−15℃，土体黏聚力和内摩擦角分别为 2.8MPa 和 17.26°。

# 第三章 渠道冻害的离心模型试验和现场监测

## 3.1 土工离心模型试验概述

### 3.1.1 土工离心模拟的基本原理

由于土木工程尤其是岩土工程的自重应力影响巨大，能模拟原型自重应力的离心模拟技术就成为预测和验证的不可替代的手段，在工程建设中具有特殊的作用。具体地讲，土工离心模型试验就是借助离心机的高速旋转为模型创造一个与原型应力水平相同的应力场，从而使原型的性状在模型中再现的一种物理模拟研究手段。目前，土工离心模型试验技术作为一种最有效的物理模型试验方法，几乎涉及土木工程的所有领域，成为岩土工程技术研究中最先进、最主要的研究手段之一（包承纲等，2011）。国内外几十年的研究经验表明，离心模型试验技术在岩土工程领域的作用可归纳如下：①工作和破坏机制研究；②设计参数研究；③设计计算方法和设计方案的验证、比选；④数学模型和数值计算方法验证。

土体特性是由其应力水平决定的。因此，成功的物理模拟必须能够复制原型问题的土体应力水平。由于物理模拟一般采用小于实际尺寸的模型，而正常重力（$1g$，$g$ 为重力加速度）条件下的缩尺模型因自重较小，土体应力水平小于所模拟的原型问题，其试验结论可能会受到质疑。例如，密度相同的某一种砂土，在 $1g$ 模型试验的低应力水平下的剪胀性，却可能在实际问题中的高应力水平下表现为剪缩性。这样的 $1g$ 模型试验，高估了土体的抗剪强度，可能给出相对于实际问题不安全的试验结论。为了解决这个问题，离心模拟技术被应用到岩土物理模拟中，因为其能够成功模拟原型问题中土体的应力水平。

土工离心模拟是将缩小尺寸的土工模型置于高速旋转的离心机中，让模型承受大于重力加速度的离心加速度的作用，补偿因模型缩尺带来的土工构筑物的自重损失。离心试验模型以恒定角速度（$\omega$）绕轴转动，所提供的离心加速度等于 $r\omega^2$（$r$ 为模型中任意一点距转动中心的距离）。土工模型表面处应力为零，内部土体的应力随深度变化，变化率与离心加速度成正比。如果模型采用与原型相同的土体，那么当离心加速度为 $N$ 倍的重力加速度时，模型深度 $h_m$ 处土体将与原型深度 $h_p=Nh_m$ 处土体具有相同的竖向应力：$\sigma_m= \sigma_p$。这是离心模拟最基本的相似比原理，即尺寸缩小 $N$ 倍的土工模型承受 $N$ 倍重力加速度时，模型土体应力与原型相似。

## 3.1.2 离心模拟的相似比概述

确定相似比尺是离心模型试验正确模拟原型的关键。确定的方法一般有两种：依据控制方程进行量纲分析的方法和按力学相似规律分析法。通常在确定相似比尺时，两种方法会同时应用，互相补充。基于以上两种方法并结合一些试验的验证所总结出的离心模型试验中常用的相似比尺关系，列于表 3-1 中，具体方法将在各章节中详细阐述。虽然离心模型试验与实际情况比较接近，但由于离心模型内不均匀的加速度场，以及较小的模型尺寸，因而模拟有一定的局限性。另外，同一模拟过程中，还可能出现相似比不统一的情况，这时就需要考虑其中比较关键的问题进行模拟。

**表 3-1　常用离心试验的基本相似比尺**（模型与原型采用相同土体）

| 试验参数 | | 单位 | 相似比尺（模型：原型） |
|---|---|---|---|
| 土体 | 密度 | kg/m³ | 1 |
| | 颗粒 | | 1 |
| 基本 | 加速度 | m/s² | $N$ |
| | 线性尺寸 | m | $1/N$ |
| | 应力 | kPa | 1 |
| | 应变 | — | 1 |
| 固结 | 时间 | | $1/N^2$ |
| 渗流 | 渗透系数 | m/s | $N$ |
| | 黏滞系数 | Pa·s | 1 |
| | 时间 | S | $1/N^2$ |
| 动力 | 振动速度 | m/s | 1 |
| | 振动频率 | 1/s | $N$ |
| | 振动时间 | s | $1/N$ |
| 非饱和 | 毛细水上升高度 | m | $1/N$ |
| | 毛细水上升时间 | s | $1/N^2$ |
| | 毛细水上升速度 | m/s | $1/N$ |
| | 含水量 | — | 1 |

## 3.1.3 离心模型试验的设备

土工离心机是离心模型试验的主要设备，为离心模拟技术提供了重要的研究手段。利用离心机进行模型试验的思想，最早由法国人菲利普（Phillips）于 1869

年提出，他认为当重力是主要影响因素时，可用惯性力模拟重力。1931 年世界上第一台土工离心机（半径 25cm）诞生在美国哥伦比亚大学。在 1932 年莫斯科水力设计院土力学试验室首次利用离心机研究了土工建筑物的稳定问题，随后又继续进行了一系列的土工离心模型试验。在我国土力学奠基者黄文熙先生倡导下，南京水利科学研究院在 1986 年利用 20g·t 离心机研究了活断层上心墙堆石坝的性状，开创了我国土工离心模型试验的先河，不到 30 年的时间，我国土工离心模型试验技术蓬勃发展，取得长足的进步。

土工离心机设备的基本构成包括主机系统、数据采集系统和专用试验装置等，如图 3-1 所示。每个系统包含的内容见图 3-2。南京水利科学研究院（简称南京水科院）的 400g·t 大型土工离心机和离心机专用的自动机器人系统分别见图 3-3 和图 3-4。

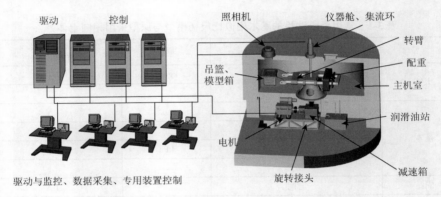

图 3-1　土工离心机设备基本构成总体示意图

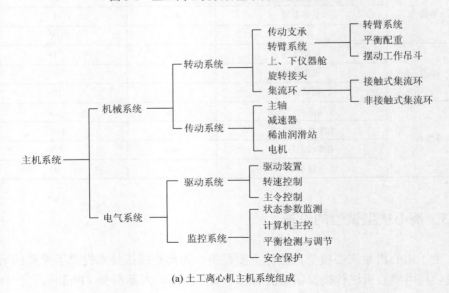

(a) 土工离心机主机系统组成

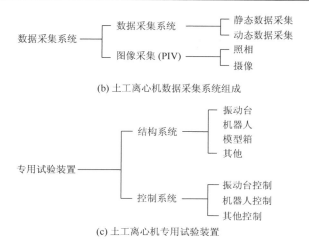

(b) 土工离心机数据采集系统组成

(c) 土工离心机专用试验装置

图 3-2 土工离心机系统组成示意图

图 3-3 南京水科院 400g·t 土工离心机

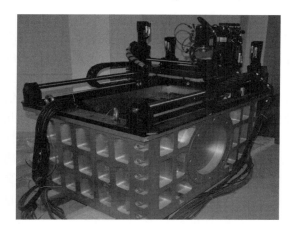

图 3-4 南京水科院土工离心机专用自动机器人系统

## 3.2　渠道冻胀离心模型试验装置的研制

### 3.2.1　研制的背景

本设备的研制是基于水利部公益性行业科研专项《咸寒区灌渠冻害评估预报与处治技术》项目研究的需要。该项目针对新疆北疆地区输水渠道冻胀和盐胀的问题，其中一个内容是采用离心机物理模型试验模拟渠道的盐冻胀变形。新疆地处欧亚大陆腹地，降雨稀少，而蒸发强烈，存在着严重的资源型缺水问题。新疆农业生产主要依靠人工灌溉，是一个以绿洲经济和灌溉农业为主的地区，形成了独特的"荒漠绿洲，灌溉农业"的生态环境和社会经济体系。除了缺水，新疆水资源存在严重的时空分布不均衡性。针对新疆的水资源问题，21 世纪以来相继开工建设了一批输水渠道工程。但由于新疆地处高纬度地区，冬季气候特别寒冷，极端气温可达零下 40℃，加之新疆的水利工程体系是构筑在 20 世纪 50～60 年代的原有工程体系基础之上的，建设水平不高，这就使得输水渠道的冻害现象特别严重，渠系水利用系数不足 0.5，水资源浪费严重。

事实上，输水渠道的冻害问题是渠道衬砌结构物受渠基土冻胀作用而引起的破坏问题，是在低温条件下土壤产生冻胀现象造成的。目前，对输水渠道冻害方面的研究主要是采用室内单元试验研究渠基土自身冻胀特性，但在应力状态和时间模拟等方面和实际情况差别很大，只能用作渠基土冻/融基本规律的探讨，对于地基土冻融模型的试验装置也多是用于常应力状态下的地基冻土冻融试验装置。少数学者采用了现场实测的方法，但现场实测需在现场建立试验监测段，费时费力、周期长、费用高。因此，在室内进行输水渠道冻融的物理模型试验将是一种有效的研究方法。

然而目前对输水渠道冻融特性进行研究的物理模拟试验方法，都是在常应力状态（$1g$）下进行试验，这种模拟方法主要存在两大不足：①由于岩土工程中土体自重应力常为主导因子，占据支配地位，而室内小型物理模型试验无法真实再现渠基土真实应力状态，试验结果和真实渠道的冻融情况相比仍有较大差别；②常应力状态下物理模型试验中，实现渠道冻融一般在几天甚至几小时内完成，而实际渠道的冻融过程往往跨度达几个月，因此，在渠道冻融的时间跨度模拟方面，$1g$ 常应力条件下的模型试验也难以反映真实冻融周期。在土工离心机上进行物理模型试验，一方面通过设置模型比尺 $N$，不仅可以反映渠道的真实应力状态，而且可以通过离心机实现时间的加速，使得模型箱内几个小时的时间即可模拟原型的冻融时间跨度（原型真实冻融时间为模型箱时间的 $N^2$ 倍）。因此，在离心机上进行渠道冻融的物理模型试验，在受力状态和时间跨度方面，具有更好的相似性。

土体冻胀现象是热传递引起的土中水相变而产生的，是以"场"为主的课题，岩土离心模型试验有极好的模拟度，增大模型加速度可在数小时内模拟原型在几个月、几年甚至更长时间的温变所引起的结果。因此，研发土体冻胀离心模型试验装置，通过缩尺模型模拟渠道受冻胀作用下的热传递以及变形的规律，可为解决新疆咸寒区输水渠道冻害问题提供新的研究手段。

## 3.2.2 岩土低温离心模拟试验的研究现状

虽然岩土低温离心模拟试验技术对寒区冻土工程室内模型试验研究优势显著，但受制冷装置使用条件及离心机设备造价昂贵等限制，国内外可以见到关于此类的试验研究为数不多，这也包括对海冰、永冻土地下冰等相关课题的低温离心模拟试验研究，这些研究工作主要集中在岩土离心模拟技术对寒区工程模拟的适应性。

最先开展离心模型试验研究土体冻胀问题的是 Miller（1980）。Lovell 和 Schofield（1986）利用液氮制冷装置，通过离心模型试验模拟了海洋冰形成的时间效应。卤水位于铜质模型桶底部，模型桶顶部四周放置 8 个液氮喷雾装置，试验开始后随着离心机的转动，喷雾装置内的液氮逐渐沸腾，形成"冷风"传递至卤水模型表面，整个试验过程由闭路监控系统实时观测，如图 3-5 所示；试验中 50L 的液氮可使卤水模型表面在 4.5h 内形成 30mm 厚，直径 750mm 的冰层，通过比尺换算与足尺试验的结果接近。

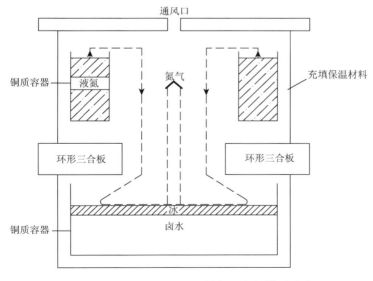

图 3-5 Lovell 和 Schofield 的低温离心模型试验

　　Jessberger（1989）利用离心模型试验探讨了人工冻土工程（冻结凿井中的冻结壁）中的已冻土的蠕变行为，将冻结黏土试样安放在刚度较大的隔离箱中，通过刚性杆与 LVDT（linear variable differential transformer，线性可变差动变压器）位移传感器连接，试样内也安装 LVDT 位移传感器观测位移，如图 3-6 所示。

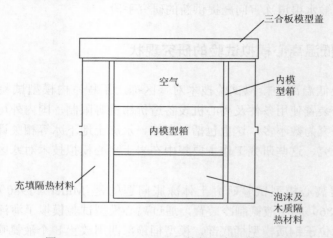

图 3-6　Jessberger（1989）的低温离心模型试验

　　Smith（1992）利用低温离心模型试验分析了通过不同土层界面的管道融沉破坏问题。管道模型放置在保温模型箱内，内设热源，下方一侧为饱和冻结砂作为融沉稳定土层，另一侧为富冰砂层作为融沉不稳定土层，管道上方为干砂融冻层。模型箱底部设有排水通道，如图 3-7 所示。该试验结果表明富冰土层的融沉效应对管道破坏具有显著影响。

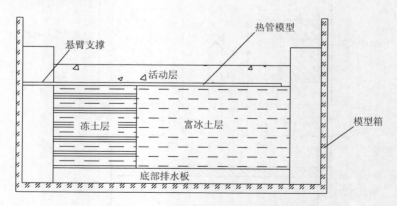

图 3-7　Smith（1992）的低温离心模型试验

　　此外，Ketcham 等（1997）通过离心模型试验验证了 Miller 关于离心场下结构基础因土体冻胀产生变形的相关结论；Yang 和 Goodings（1998）通过离心试验成功模拟了无外荷载作用下强冻胀性饱和淤泥质土的冻胀变形规律；Goodings 和 Straub（2003）等通过离心模型试验对寒区工程中的地下管线受冻胀/融沉问题进行了定量和定性的分析，为岩土低温离心模拟技术提供了重要的参考。

国内关于土体冻胀的离心模拟试验开展极少，Chen 等（1993）利用剑桥大学土壤冻胀融沉离心模拟试验装置成功模拟了地下管道受冻胀变形现象，该装置采用半导体热交换板供冷，热交换板位于模型上方，试验过程中通过预设的 LVDT 传感器监测管道受冻胀过程，如图 3-8 所示。后在我国第一台土壤冻/融离心模拟装置上成功完成了土壤冻融离心模拟试验（陈湘生，1999），该试验考察了在有/无荷条件下的建筑结构基础的受冻胀变形规律，并验证了土壤冻胀离心模型试验中热传导缩比关系的正确性。在此基础上进行了冻-融循环离心模拟的重复试验，验证了该试验装置和测试系统的可行性，开创了我国开展土体冻/融离心模拟试验的先河。然而受试验设备条件限制，此后虽有国内学者通过离心模型试验对寒区工程受冻胀问题进行了研究，但大都基于力学相似性，并没有实现对寒区工程中土体冻胀作用全过程的模拟，我国岩土低温离心模拟技术陷入了停滞。

其他一些开展已冻土的离心模拟试验，通常将预先养护至目标温度的已冻土样放置在模型箱中制模，此类试验可能不需要在模型箱内安装制冷装置，但对运输过程及安装过程中的环境温度有严格的要求，需要一定的低温环境确保试样不融化。

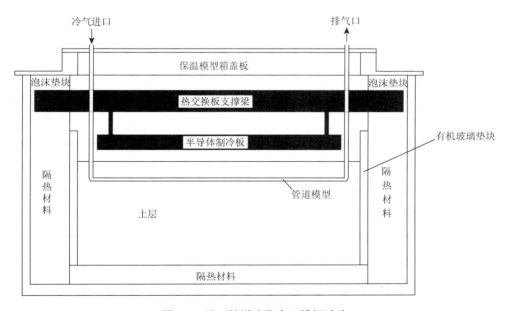

图 3-8　地下管道冻胀离心模拟试验

　　以往的离心模拟试验对模拟寒区工程及人工冻土工程问题有关温度变化引起的冻胀（或融沉）现象，是可行且省时省力的。因此，借鉴以往岩土低温离心模拟试验中的思路及方法，结合已有的土工离心机探寻适合渠道冻融离心模型试验的制冷方式是开展渠道冻融离心模型试验的首要任务。

### 3.2.3　适合渠道冻胀离心模型试验的制冷方式

　　将热量（冷值）传递至模型的制冷装置是开展岩土低温离心模拟试验的首要条件。较高的离心加速度会直接导致常规制冷设备例如压缩机，无法正常使用，这使得离心模拟试验中必须采用可行的且效率较高的制冷设备。随着岩土低温离心模拟技术的发展，制冷装置逐渐形成了以液氮、液氨、干冰等作为冷却剂的直接传导装置和利用帕尔帖（Peltier）效应的半导体热交换间接传导装置两大类。

　　直接传导是将"冷气"或"冷风"直接送至模型表面，为模型提供快速而有效的降温途径。直接传导装置包括液氮、液氨制冷剂喷雾装置，以及携带干冰、液氨等循环制冷剂的集流环装置。采用液氮、液氨制冷的原理是利用液氮、液氨的蒸发冷却效应，而达到自上而下或由侧边向模型"送风"的效果。集流环装置的内部携带制冷剂，利用较高的土工离心机转速形成冷风送至模型表面，通过附加装置可实现对制冷剂的循环利用。

　　直接传导装置虽在国外土工低温离心模拟试验中取得了一些应用，但在安全性上存在一定隐患。液氨、液氮和干冰等液态制冷剂在离心模拟试验过程中需要维持高压，若发生泄漏，带有毒性和腐蚀性的制冷剂可能会腐蚀模型及模型箱；集流环装置的润滑剂不足则会导致制冷装置失效、损坏，影响试验设备的使用。此外，直接传导装置所需制冷剂量较大，储存液氮的容器占据了模型箱内较多的空间，设备成本偏高。

　　以热交换板为制冷设备主体的间接传导装置，通常将热交换板安装在模型表面的上方，热交换板表面与模型表面间隙设计的很小，热量以对流及辐射（很微小）传送至模型表面。热交换板制冷又称半导体制冷或热电制冷等，即当直流电流通过具有热电转换特性的导体组成的回路时会具有制冷功能。热电偶是由半导体材料制造的，如图 3-9 所示，热电材料是由特殊的半导体材料制造的，通常具有较高的制冷优值系数、合适的屈服极限和耐热冲击性以及一定的可焊性。将一只 p 型半导体元件和一只 n 型半导体元件联结成一个热电偶，热电偶有两条电偶臂，电偶臂

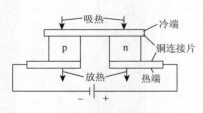

图 3-9　半导体热电偶制冷图

的两端均有金属条，又称汇流条，当直流电流经热电偶时，在两端产生了帕尔帖

效应，上面形成冷端，从外界吸热，下面形成热端，向外界放热。如果将若干个这样的热电堆在电路上串联起来，而在传热方面则是并联的，这就构成了一个常见的热电制冷电堆。接上电源，借助于散热装置使热电制冷组件的热端不断散热，并保持一定的温度。把热电堆的冷端放到需要的工作环境中吸热降温，这样就达到了制冷的目的。同样地，制热工况即将热端放入工作环境中放热升温，制冷还是制热取决于通直流电的电流方向。

目前比较理想的热电材料是 $Bi_2Te_3$、$Sb_2Te_3$ 按一定比例配制成，再加入少许 Te 及 Se。将若干热电偶通过铜连接片、元件固定片、导线按一定规则联结，利用氧化铝陶瓷板固定并将冷、热端两面进行绝缘处理，最终制成一套完整的半导体热交换装置，按使用条件不同，散热装置取不同形式，流水冷却时最理想的散热条件，条件限制时可用自然对流或强迫对流散热，这需要制成不同形式的金属散热叶片。此类设备安全性高，不受低温、高压、高离心加速度的影响，与土工低温离心模拟试验有着良好的契合度。唯一不足的是制冷效率相对较低，这就需要在热交换板中安装较多的半导热电偶组以提高制冷功率。

综上所述，利用帕尔帖效应工作的半导体热交换板，设备安全性高，不受低温、高压、高离心加速度的影响，与土工低温离心模拟试验有着良好的契合度。在此基础上，结合渠道冻胀的特点研发一套专门用于寒冷地区输水渠道冻胀特性研究的离心模拟设备。

## 3.2.4　渠道冻胀离心模型试验装置

给模型提供低温环境是试验开展的首要条件。常见的压缩机制冷和液氮制冷等方法因其使用特点不适合在离心机场中采用。利用帕尔帖效应工作的半导体热交换板，设备安全性高，不受低温、高压、高离心加速度的影响，与土工低温离心模拟试验有着良好的契合度。在此基础上，结合渠道冻胀的特点研发一套专门用于寒冷地区输水渠道冻胀特性研究的离心模拟设备。

整套渠道冻胀离心模型试验装置安装在南京水利科学研究院 TLJ-60A 岩土离心机上，岩土离心机的技术特征如表 3-2 所示。

表 3-2　南京水利科学研究院 TLJ-60A 岩土离心机技术特征

| 技术特征 | 指标 |
| --- | --- |
| 离心机最大容量 | 60g·t |
| 有效半径 | 2.0m |
| 转速幅值 | 5g～200g |

| 技术特征 | 指标 |
|---|---|
| 有效负荷（模型箱+模型） | 100$g$ 时 600kg；200$g$ 时 300kg |
| 加速度稳定度 | ±0.5%FS |

　　研制的渠道冻胀离心模型试验设备如图 3-10 所示，按照功能的划分，主要包括四大部分：冻融模型箱；循环冷却水系统；测量系统；控制系统。

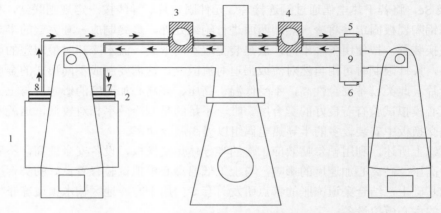

1.模型箱；　2.半导体热交换板；3.冷凝器1；4.冷凝器2；
5.水泵1；6.水泵2；7.进水口；8.出水口；9.水箱；——→为水流方向

(a) 设备结构示意图

(b) 设备实物照片

图 3-10　冻融离心模型试验设备

### 3.2.4.1 冻融模型箱

模型箱是设置渠道模型的空间，良好的保温与隔热性能是实现渠道模型快速冻胀融沉的前提。模型箱结构的设计分为外箱、内箱和夹层填充材料三层组成。外箱由高强度不锈钢材料制作，以保证足够的结构刚度，能够适应高速旋转的离心力场作用。内箱由高强度的航空有机玻璃制作，具有良好的耐温变和抗冻性能。夹层填充材料为高保温隔热聚四氟乙烯泡沫塑料，导热系数≤0.025W/(m·K)。如此三层结构制作的模型箱整体，既满足强度和刚度的要求，又具有良好的保温隔热性能。

冻融模型箱的内部尺寸为 750mm×350mm×450mm（长×宽×高）。冻融模型箱的上部覆盖着热交换系统，热交换系统是利用多块半导体制冷器制冷或制热来实现温度变化，通过直流电能转换成冷热能向下方土壤模型表面传递冷热能，使土壤模型由外向内产生温降或升温效果，从而实现模拟渠道的冻胀或融沉。试验时模型箱内布设传感器，模型箱整体需固定在离心机的吊篮内。安装在离心机转臂上的冻融模型箱如图 3-11 所示。

图 3-11　安装在离心机转臂上的冻融模型箱

### 3.2.4.2 半导体热交换装置

半导体热交换装置是整个冻融离心模型试验系统的核心，其主要功能是实现模型的制冷。利用材帕尔帖效应制冷的半导体热电堆，体积小，没有滑动和旋转部件，不怕倾斜震动，并且热惯性小，冷热随意切换，适合在高速旋转的离心力场下应用。

综合考虑模型箱容积和制冷效率计算，设计采用了 12 组半导体二级制冷热电堆（制冷片），每组热电堆中，一级由 88 对 p-n 结串联，二级由 24 对 p-n 结串联，单个 p-n 结的电功率为 2.68W，各级工作电流相同，工作电压约为 0.11V，各组制冷热电堆间串联连接，设计温度变化范围为 −40～30℃，理论总制冷能力为 3600W。各组热电堆按 4×3 矩形阵列，如图 3-12 所示。制作工艺为隔板式工艺，选取强度高而导热性能较差的钢化纤维板做成双层隔板，按热电堆排列位置打孔，孔径略大于元件直径，将事先挂好焊料的热电堆插入隔板孔中，用热探针检查热电堆有无错放，确保冷热端方向摆放正确。安置完成后在隔板间充填泡沫塑料，最后盒盖密封。

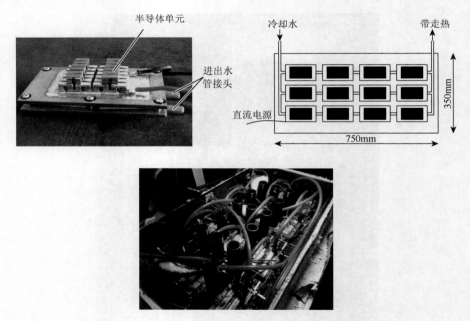

图 3-12 所采用的半导体热交换板

制作完成的半导体热交换板安装在模型箱内上方，兼做模型箱顶盖，通直流电后可向模型箱内自上而下供冷/热，如图 3-13 所示。每组制冷热电堆的热端上方设有小型储水箱，连接各水箱管接头最终并为一股，采用水冷方式散热。由于半导体热电堆是一种温差器件，当一端制冷时另一端必然会产生热量，当冷端和热端达到一定温差，热传递的量相等时，就会达到一个平衡点，此时冷热端的温度就不会继续发生变化。采取水冷方法带走热端的热量来实现冷端持续降低温度是较为理想的。

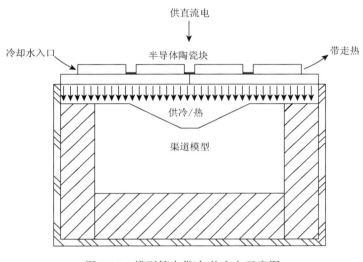

图 3-13 模型箱内供冷/热方向示意图

## 3.2.4.3 循环冷却水系统

土体中的热量在试验过程中需要通过流动的水流带走，从而实现模型箱内的土体降温。在 1g 的常重力加速度条件下，可以直接设置冷却水管穿过模型土层将热量带走，效率高。而进行离心模型试验时，冻融离心试验系统是放置于高速旋转的离心机转臂上，所以冷却水系统的结构与离心机是否具有水旋转接头有关。

水旋转接头是从地面向离心机上转动中的试验设备提供水源的部件。当离心机配备有水旋转接头时，冷却水系统是通过水旋转接头供水口由地面供水（自来水或常温水）到半导体制冷器热端带走热端温度，循环后再通过水旋转接头出水口将水排出到地面。而由于很多离心机在建设时受设计或经费等的制约，并未能配备水旋转接头。当离心机不具备水旋转接头部件，以往的冷却水系统无法满足试验需求。本次冻融试验是在南京水利科学研究院 60g·t 的土工离心机上进行，该离心机就不具备水旋转接头。针对这种情况，专门研制了一套内循环的循环冷却水系统，其主要包括热交换系统、高压水泵、水箱、供回水管路等，如图 3-14 所示。

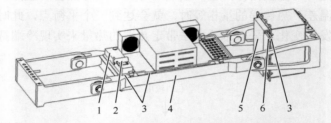

1.水箱；2.高压水泵；3.供水管路；4.离心机转臂；
5.热交换系统；6.回水管路

图 3-14　循环冷却水结构示意图

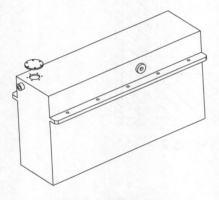

图 3-15　水箱示意图

为实现向半导体制冷器供冷却水，在离心机转臂上设置了一个水箱作为冷却水系统的水源，由不锈钢焊接而成，容积为 50L，如图 3-15 所示。水箱顶部设置有注水口以便向水箱内注水，水箱设置有进水口、出水口，与热交换板内每组热电堆的热端小型水箱相连，利用高压水泵输送连来满足离心场下供水、回水需求，通过管路与热交换系统形成循环水冷却。设置了四个高压水泵，每个水泵的扬程为 110m，最大输出压力 1.1MPa，可根据制冷效率要求打开 1～2 个水泵。由于电热堆内部热端小型水箱的流量限制，最多同时开启两个高压水泵。工作中高压水泵交替使用，以保证设备长时间运行。

由于水箱容积有限，半导体制冷器持续产生的热量，在长时间循环条件下，水箱内冷却循环水自身的温度将逐渐升高进而降低冷却能力，为此，在冷却水循环回路中配置了一组相应功率的风冷散热器，风冷装置的结构见图 3-16。试验前先从注水口将水箱内注满水，离心机运转试验开始则启动高压水泵，高压水泵入口端将水箱内的冷却水吸入，并从水泵出口端通过管路在水泵压力下供到半导体制冷器热端进行温度交换，在水泵压力作用下温度交换后的水流入回路中的风冷散热器内，利用离心机高速旋转产生的空气流动进行循环水与空气热交换，使回冷却水温保持在允许范围内，最后通过水箱回水口流回水箱内，不断循环为半导体制冷器持续降温。为了预防在夏季进行试验时由于机室内环境温度过高可能造成的制冷片损坏，设置了高温报警系统并与制冷系统关联，当水管中冷却水温度过高时（超过27℃），制冷系统便会断路，停止工作。水泵、水箱和冷凝器由特制高压水管连接，安装在南京水科院 TLJ-60A 离心机吊臂上，它们的整体图如图3-17 所示。

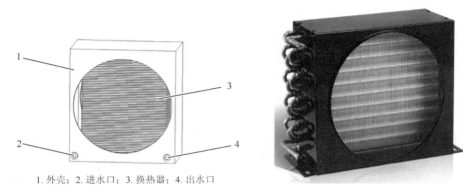

1. 外壳；2. 进水口；3. 换热器；4. 出水口

图3-16　风冷散热器

图3-17　水泵、水箱和风冷冷凝器整体布置

### 3.2.4.4　测量系统

输水渠道在负温作用下发生冻害破坏，其主要表现为冻胀变形，因此，试验过程中需安装位移传感器和温度传感器以分别测试渠道冻胀位移和渠基土温度。

渠道冻胀离心试验的监测设备应具有耐低温、耐腐蚀等特性。温度传感器采用的是 PT-100 铂电阻传感器，工作范围–200～800℃。位移传感器采用的是 LVDT 位移传感器，工作原理属于差动变压式，该类传感器耐低温，温度漂移小，线性度高。所用的 PT-100 铂电阻传感器和 LVDT 位移传感器如图 3-18 所示。LVDT 位移传感器外形结构为 304 不锈钢材料的圆柱体，圆柱体前端是回弹式探针，后端为线缆。由于该传感器外径达 20mm，长度达 200mm，在高速旋转的低温环境中，如何实现位移传感器既可以灵活伸长以满足不同冻胀变形的测试需求，及如何有效防止模型箱热交换系统内的温度通过传感器或空气向外传导流失，即如何对位移传感器进行安装是一个难点。

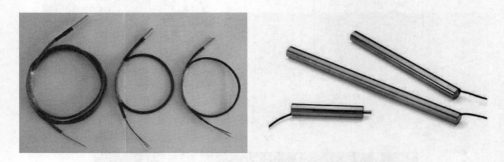

图 3-18　所用的温度传感器（左）和位移传感器（右）

为此，在位移传感器测量位置对应热交换系统的铝合金底板和顶盖处开孔，铝合金底板为螺纹孔。在开孔处设置一个聚甲醛材料的传感器安装套，安装套内为通孔，通孔尺寸略大于底板螺纹孔。传感器安装套底端为方形法兰，并用螺钉与铝合金底板螺纹孔对中连接，上端穿过顶盖开孔，传感器安装套上端穿出顶盖部分设置有外螺纹，以便聚甲醛材料的锁紧螺母Ⅰ可将顶盖与安装套锁紧固定。

为实现位移传感器在箱体内的长度可灵活调整，进一步设计了一个有机玻璃材料的传感器调整套，它整体为外螺纹圆柱体，外螺纹尺寸与铝合金底板螺纹孔相匹配，传感器调整套一端为长盲孔，为方便传感器的装入，传感器调整套另一端中心开有一个小孔，小孔尺寸略大于传感器探针外径，以便传感器探针伸出。传感器调整套探针伸出的一端通过传感器安装套旋入铝合金底板螺纹孔内，另一端伸出传感器安装套，由有机玻璃材料制成的锁紧螺母Ⅱ与传感器调整套外螺纹配合锁紧调整套。传感器线缆经调整套内的空腔由伸出端引出，为防止温度由传感器传导，在调整套的空腔内装入聚氨酯海绵保温材料。共设置了 17 个传感器安装孔，对于试验中不安装传感器的安装套，采用设计的有机玻璃填塞柱，填塞柱底部螺纹与热交换系统底板螺纹孔配合旋入安装套内，可以防止温度流失。位移传感器的安装方法详见图3-19。

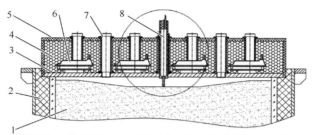

1.渠道模型；2.模型箱体；3.热交换系统底板；4.聚苯乙烯保温颗粒；
5.热交换系统顶盖；6.半导体器件；7.填塞柱；8.传感器

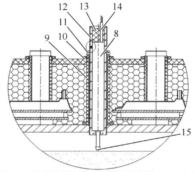

9.传感器安装套；10.锁紧螺母Ⅰ；11.锁紧螺母Ⅱ；12.传感器调整套；
13.聚氨酯海绵保温材料；14.传感器线缆；15.传感器探头

图 3-19　位移测量系统的安装方法

### 3.2.4.5　控制系统

控制系统由温控系统和数控系统组成，设备连接如图3-20所示。主要是在地面对离心机上热交换系统中半导体制冷器进行温度的设定，并利用制冷/制热双向自动控制功能实现温度连续控制的电控系统，系统与电脑连接，可显示和记录设备工作参数和土体不同深度温度和位移变化，温控系统电源如图3-21所示。

### 3.2.4.6　使用方法与特点

利用该冻融离心模拟设备进行输水渠道渠基土冻融过程的研究，首先根据所模拟渠道的断面尺寸，结合离心机的模型箱尺寸和最大离心加速度，确定合适的模型比尺 $N$。根据相似比尺，计算出模型渠道断面尺寸。将调配好含水率的土体按照设计干密度控制制作模型渠道，该过程中根据研究需要在渠坡和渠基不同位

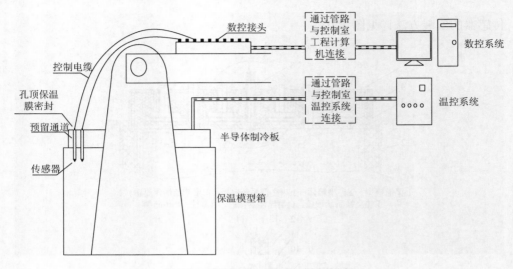

图 3-20　温控系统及数控系统的连接

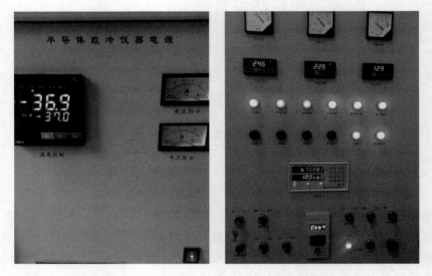

图 3-21　温控系统（左）及数控系统（右）

置埋设位移传感器和温度传感器。传感器安装好后其线缆应进行捆扎保护，防止试验过程中损坏。对制冷器与模型箱体的缝隙采用聚氨酯泡沫塑料进行保温处理，然后用绝缘胶带将缝隙进行密封，防止冷量的散失。检查循环冷却水系统的连接，开启温度控制器，设定温度和离心加速度目标值，开启离心机进行试验。

　　该设备具有如下特点：①由于热交换系统由半导体制冷片组成，它既可以制冷又可以制热，因此，该冻融离心模拟系统可以实现渠道的冻胀和融沉两个过程；

②重复上面的试验过程后，该系统既可以实现渠道的反复冻胀-融沉试验；③由于循环冷却水系统为内循环，因此，当水体反复循环温度过高后（＞27℃）系统会报警，此时应停机换水；④可靠性强、控制方便、应用广，不但可用于输水渠道的冻胀过程的研究，也可用于寒冷地区路基或其他结构物冻胀问题的研究。

## 3.3 渠道冻胀的离心模型试验

### 3.3.1 渠道冻胀离心模型装置的调试

整套渠道冻融离心模型设备是在借鉴以往岩土低温离心模拟试验中的思路及方法，结合南京水利科学研究院 TLJ-60A 岩土离心机的技术指标设计完成的。如前述，国内外有关离心模型试验模拟渠道冻胀现象的研究未见报道，在渠道冻融离心模拟试验开展前，应对整套离心模型设备中的制冷装置、温度控制系统、数据采集系统进行全面测试、调试，掌握整套设备的正确使用方法和操作细则，为正式试验提供技术支撑。

#### 3.3.1.1 调试试验方案

试验拟在 20g 值下模拟寒区渠道地基土在冬季枯水期（相当于原型 90d）内的冻胀、融沉现象，达到前 45d 冻结，后 45d 融化（冬春交替）的效果，环境温度极端最低值设为–30℃，极端最高值为 15℃。渠道模型尺寸根据位于新疆水利水电科学研究院试验场的渠道试验段典型横断面（图 3-22）设计，但并未铺设渠道衬砌板模型。土体含水率为 13.5%，相应的干密度控制在 1.89g/cm³。根据相似关系得到渠道模型尺寸横断面如图 3-23 所示。试验当天，离心机室环境温度为 12.5℃，冷却水循环水箱的初始温度为 14.5℃，模型地表处至上方半导体热交换板的距离为 50mm，整个模型用土共计 221kg。为充分利用模型箱内的空间，模型箱内渠道及各测点的布置如图 3-24 所示。

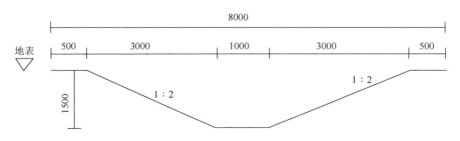

图 3-22 所模拟的试验段典型横断面图（mm）

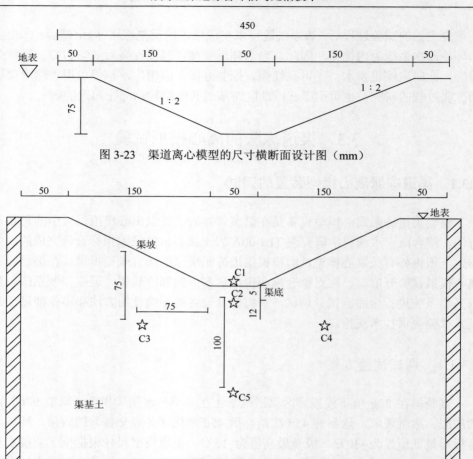

图 3-23　渠道离心模型的尺寸横断面设计图（mm）

图 3-24　模型箱内各测点布置图（mm）

### 3.3.1.2　调试试验结果

　　渠道冻结试验各热交换板与测点 C1 的温度-时间关系如图 3-25 所示。各测点温度-时间关系如图 3-26 所示，图中并没有给出 C4 测点的数据。从图中可以看出，热交换板的温度由 10.8℃降至−31.7℃时温下降速率很大，此过程经历 1h。此后降温速率逐渐放缓，期间测得热交换板最低温度达−38.64℃。相应地，渠基下方土体的降温规律大致与热交换板相同，降温速率都是由陡变缓。但降温量较为有限，根据试验结果反馈，试验过程中渠底 C1 测点处温度降为负值历时 5h 45min，该测点达到的最低温度为−1.08℃。根据相似关系，20g 值下 6h 相当于原型 100d，超出了预设冻结时间 45d。

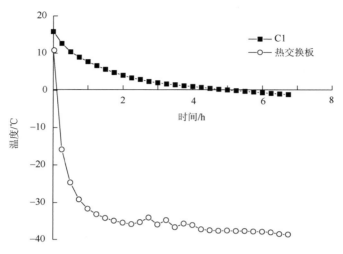

图 3-25　热交换板及渠底表面的温度-时间关系

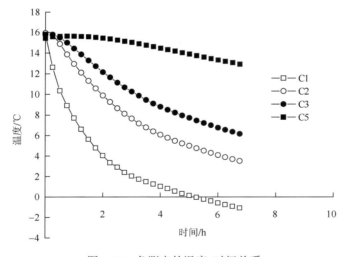

图 3-26　各测点的温度-时间关系

图 3-27 给出了热交换板和水箱的温度随时间变化的关系，从图中可以看出，水箱温度的变化与热交换板温度变化规律类似。试验开始时水箱温度上升很快，在 30min 内由 14.5℃上升至 22.53℃，此后升温速率急剧变缓，试验终止时水箱温度为 25.85℃，6h 15min 内仅升温 3.32℃。

冷却水由高压水泵从水箱流出进入半导体组件中，带走模型箱中的热量，经冷凝器后耗散一部分热量，最终回到水箱中进入下一工作循环。水箱温度上升速率与半导体热交换板的制冷功率有关，温度上升速率变缓意味着试验过程中半导体热交换板制冷功率的下降。在 3h 15min 至 4h 这一阶段水箱温度出现略微波动，这与热交换板温度出现波动在时间上是一致的。温度控制电源中电压表指针在此阶段反复波动，电流表正负极调换，半导体热交换板反复制冷、制热，经查明为电源控制器质量问题，联系厂家后调换了电源控制器。

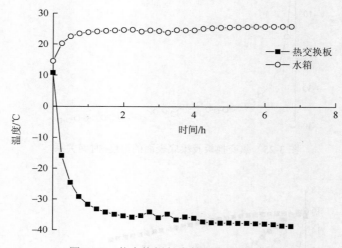

图 3-27　热交换板与水箱温度-时间关系

测试结果表明，半导体热交换板辐射热（冷）量并不能在预定时间内有效传递至渠基土内。排除电源控制器质量问题后，原因可能有：模型箱内土的热负载较大；渠道表面与上方热交换板的距离过远。

渠基土初始温度为 15.8℃，总质量为 221kg。与自然状态相同的，渠道模型表面形成的不稳定热流是产生土冰交替变化带进而形成冻土层的必要条件，本质原因是在冻结锋面上流出的热流率超过热供给率。热交换板提供的热（冷）量自上而下以对流的形式传递至渠道表面，试验过程中对流热传递的总热（冷）量与模型表面至上方热交换板的距离有关，适当缩小距离可能会起良好效果。

未冻土体热容[J/(g·℃)]是指未动土的温度升高/下降 1℃所需的热量，可根据式（3-1）计算：

$$c = \frac{1}{m}(c_s m_s + c_w m_w + c_{air} m_{air}) \tag{3-1}$$

式中，$m_s$、$m_w$、$m_{air}$ 分别代表土颗粒、未冻水、空气的质量，kg；$c_s$、$c_w$、$c_{air}$ 分别代表各组分的热容，kJ/(kg·℃)。由此可见，土体质量越大（忽略土中非常小的气相），升高/下降 1℃ 所需的热量越高。半导体热交换板的制冷功率有限，减少土的用量直接降低了模型箱内的热负载，这对模型热交换效率的提高是有利的，但需保证制作渠道模型及边界所必需的试验用土量。

### 3.3.1.3　调试试验结果分析

第一次试验在模型箱充满土的情况下降温效果不理想，考虑先减少土的用量进行测试，即在第一次试验基础上减少约一半土，使模型地平面处在模型箱有效高度的 1/2 处，考察热交换板辐射冷量是否能有效传递至土体内部且土体在较快时间内冻结。土体采用相同的干密度控制（1.89g/cm³），离心机加速度仍为 20g。本次试验并没有制成渠道断面，仅在土体内部布设温度传感器，具体位置如 3-28 所示。试验当天离心机室环境温度为 16.1℃。

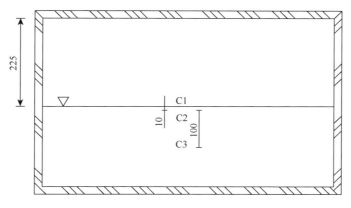

图 3-28　测点布置示意图（mm）

试验结果如图 3-29 所示，需要说明的是，制冷设备工作至开机后 3h 时，由于水箱温度上升很快，超出了最大控制温度（26℃），进行停机换水，再次开机后热交换板温度有所回升。

根据测试结果，热交换板达到-20℃仅历时 1h，冻融离心模型系统可在离心场下提供大跨度温度环境，试验中最低温度可达-38.6℃，满足渠道离心冻融模型温度模拟的基本要求。试验过程中土体表面温度起初下降较快，但随着热交换板温度的继续下降，土体降温速率越发缓慢，当热交换板达到-35℃时，土体表面仍未降至负温。试验历时 5h 15min 后终止。

　　由此看来，单一的减少土体质量对提高模型内土体的热传导效率不明显。因此，减少土的用量，同时使土体上方更靠近热交换板是改进的有效方法。考虑在模型箱内增加模型槽缩小模型箱的尺寸，这使得模型用土量大大减少，模型槽由航空有机玻璃块制成，如图 3-30 所示。模型箱有效空间尺寸缩小为 450mm×350mm×275mm，改进后的模型槽顶部至热交换板的距离为 20mm。

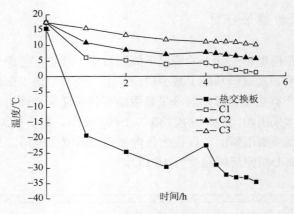

图 3-29　各测点温度-时间关系

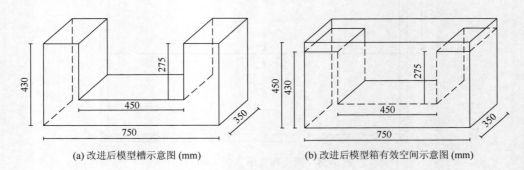

(a) 改进后模型槽示意图 (mm)　　　　　　(b) 改进后模型箱有效空间示意图 (mm)

图 3-30　模型槽示意图

　　将模型槽放置冻融模型箱内，考察热交换板在对流条件下的热传导规律，模型槽内不放土，在模型槽内不同深度布设温度传感器，测试点布置如图 3-31 所示，测试离心加速度为 20g。

　　测试结果如图 3-32 所示，制冷板在试验开始后 7min 时由 11.86℃降至负温，最低温度达到-39.83℃；模型槽内的表层、中部、底部均在 2h 内降至负温：C1测点最低温度达到-22.3℃，C2 测点达到-18.07℃，C3 测点达到-10.61℃。C1 测点与 C2 测点距离为 137mm，进入负温后，两测点在同一时刻的最大温差为 4.65℃，与 C3 测点距离为 275mm，两测点最大温差为-12.2℃。根据试验结果，将土体尽可能靠近制冷板对模型热交换效率是有利的。

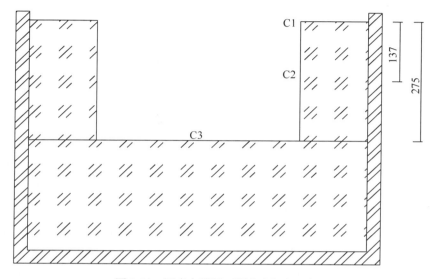

图 3-31 测点布置图（不含土）（mm）

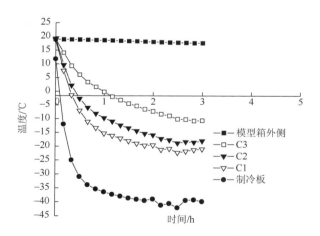

图 3-32 各测点温度-时间关系

## 3.3.2 渠道冻胀离心模型的离心模型试验

3.3.1 小节模型装置调试的试验结果表明，在保证制作渠道模型及边界所必需的试验用土的前提下降低土的质量，以及适当缩小模型与制冷板的距离有利于提高渠道模型的热交换效率。在此基础上开展渠道冻胀离心模拟试验，全面考察模拟渠道受冻胀作用下的热传递以及变形的规律。

### 3.3.2.1　模型的设计和制作

1）渠基土的参数

模型用土取自新疆北疆某输水渠道工程现场的渠基土，其土料易溶盐试验结果、颗粒分析试验结果、液塑限试验结果分别见表 2-1～表 2-3，根据《土的分类标准》（GBJ 145—90），该种渠基土应定名为低液限黏土。

2）渠道模型的制作

根据渠道断面几何尺寸，并结合原状土的取土数量和模型制作、测量等因素，选择模型几何比尺为 $N=20$ 和 $N=30$。以质量 $M$、长度 $L$、时间 $t$、温度 $T$ 作为基本物理量，模型与原型主要物理量之间的关系参考表 3-1。

离心模型的渠道断面尺寸按照公益性科研行业专项项目在北疆建立的现场试验段的断面进行缩尺。该试验段建设在乌鲁木齐南郊，当地冬季最冷月月平均气温为–15.2℃，试验渠段渠基土采用北疆渠道工程现场土换填，衬砌为预制砼板铺设，具有不铺设防渗膜以及铺设两布一膜和聚苯板保温材料两类断面形式，其中不铺设防渗膜的试验段横断面尺寸如图 3-33 所示。

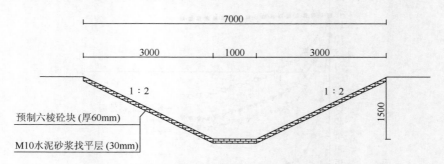

图 3-33　现场监测试验段渠道横断面尺寸（mm）

渠道冻胀离心模型试验参照渠道冻害监测试验段中不铺设保温材料的横断面设计，用于模拟渠道冬季不运行、填方渠基的情况，这意味着渠基土无需预先固结。渠基土用单一均质土层，分层夯实，不设外供水源。设计三组离心模拟试验，验证渠基土在不同 $g$ 值下的热传导规律，考察渠道离心模型在不同 $g$ 值下的温度场变化规律以及不同渠基土含水率下渠坡与渠底的法向冻胀位移量，并考察渠基土含水率对冻胀位移量的影响，各组试验中渠基土分层击实，使用环刀检验干密度的控制程度。

渠道的模型比尺应根据试验 $g$ 值设定，而不同 $g$ 值对模型制冷设备的传热功率有一定影响，以往的研究表明，对于降温采用半导体热交换板的间接制冷装置，热交换板的传热系数受 $g$ 值影响，理论上，在热交换板温度一定的情况下，传热系数随 $g$ 值的升高而下降，$g$ 值越高，传热系数降幅越大，渠道冻胀离心模拟试验并不需要采用较高的离心加速度。综合考虑，本次试验离心加速度拟采用 20$g$ 和 30$g$。试验设计明细见表 3-3。

表 3-3　试验设计明细

| 试验组号 | $N$ | 渠基土参数 | | 目标环境温度/℃ |
| --- | --- | --- | --- | --- |
| | | $\omega$/% | $\rho_d$/（g/cm³） | |
| 1# | 20 | 13.5 | 1.89 | −35 |
| 2# | 30 | 13.5 | 1.89 | −35 |
| 3# | 20 | 17.5 | 1.70 | −35 |

模型渠道截面形式为梯形断面，坡比为 1:2，三组试验的渠道长度均为 350mm（模型箱内有效宽度），高 275mm。渠道顶坡至热交换板的距离都为 20mm，尽可能贴近热交换板。缩尺渠道离心模型断面尺寸如图 3-34。

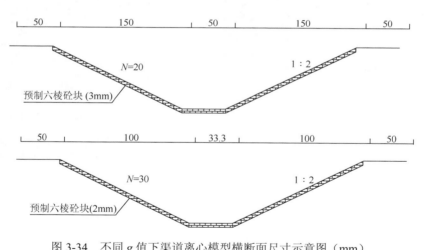

图 3-34　不同 $g$ 值下渠道离心模型横断面尺寸示意图（mm）

模型边界为有机玻璃垫块，渠坡和渠底均铺设衬砌板，如图 3-35 所示。衬砌板为六棱柱素水泥块按现场监测试验断面衬砌板缩尺制成，现场衬砌板边长 25cm，6cm 厚。试验中衬砌板尺寸为：20$g$ 值下，边长 12.5mm，厚 3mm，质量平均约 1.25g；30$g$ 值下，边长 8.4mm，厚 2mm，质量平均约 1.17g。两种 $g$ 值下单个衬砌板对下表面渠基土产生的自重应力分别只有 0.61kPa、1.91kPa。衬砌铺设缝隙用水泥砂浆勾缝，如图 3-36 所示。

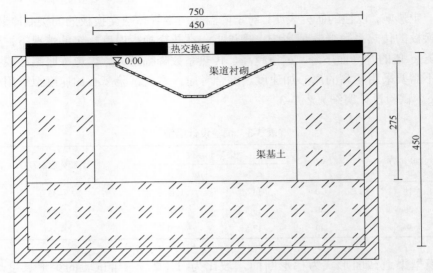

图 3-35　渠道模型布置（mm）

图 3-36　在离心机中所制作的渠道模型

3）传感器的布置

试验在渠坡和渠底中心衬砌的上表面、下表面，表面下 10mm 和 50mm（20$g$）、6.6mm 和 33mm（30$g$）都对应于原型的 0.2m 和 1m 处埋设温度传感器，传感器编号从上至下依次为渠底 T1、T2、T3、T4（20$g$），Ta、Tb、Tc、Td（30$g$）；渠坡 T5、T6、T7、T8（20$g$），Te，Tf，Tg，Th（30$g$）；在渠顶上方未铺设衬砌的土表面，表面下 10mm（20$g$）和 6.7mm（30$g$）都对应于原型表面以下 0.2m 处埋设温度传感器，传感器编号分别为 T9、T10（20$g$）和 Ti、Tj（30$g$）。渠道中心和渠坡中心表面放置两个位移传感器（LVDT，精度 0.005mm），如图 3-37 所示。

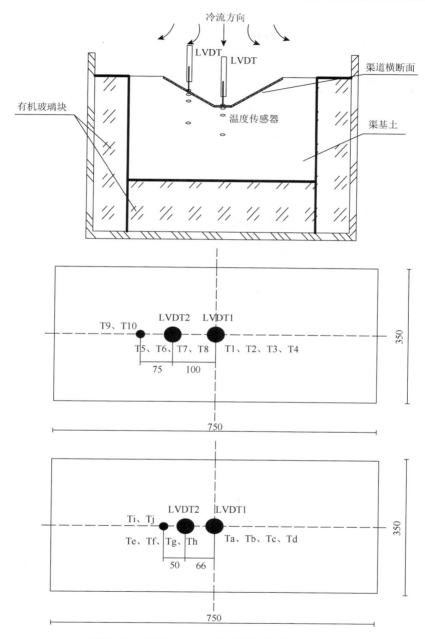

图 3-37 温度及 LVDT 传感器的设置（mm）

模型制作完毕后安装在离心机上，在热交换板的四周贴上保温泡沫板增强模型箱的保温性，如图 3-38 所示。

图 3-38　安装完毕放置在转臂上的模型箱

## 3.3.2.2　试验结果和分析

### 1）试验结果

试验在观察到两组 LVDT 位移传感器所测法向自由冻胀量达到稳定后终止。将 20g 和 30g 值下的 1#、2#试验所得渠底、渠坡不同位置的热传递曲线，转化成原型热传递曲线，如图 3-39 所示。根据试验结果，在 1#试验热交换板的温度起初下降较快，在 20d 时达到−27.25℃。此后渐缓，最低温度在 75d 时下达到了−30.3℃。2#试验中规律同样如此，但达到最低温度−32.5℃时为 145d，时间较 1#试验滞后。

为方便起见，将 3 组试验中渠坡和渠底实测换算成实际原型的冻胀量曲线并同时给出渠坡和渠底衬砌下表面的温度曲线，如图 3-40 所示；不同含水率、不同 $g$ 值下的渠坡、渠底冻胀量对比，如图 3-41 所示，其中设渠坡坡面的坡角为 $\theta$，由位移计测得的竖向位移值为 $v$，则根据几何关系可以换算得到渠坡的冻胀位移为 $D=v/\cos\theta$。LVDT 位移传感器均是在衬砌下表面达到负温后测出冻胀位移，1#试验中渠基土的含水率为 13.5%，在渠坡开始出现冻胀的第 28 天至第 50 天时的冻胀速率约为 0.6mm/d，50d 后冻胀位移量增长较缓并逐渐稳定，最终的渠坡法向位移冻胀量为 14.59mm；渠底出现冻胀的时间为第 43 天，到第 60 天这一期间的冻胀速率约为 0.42mm/d，最终的渠底法向冻胀位移量为 8.96mm。3#试验中渠基土含水率为 17.5%，开始发生冻胀的时间点与 1#试验基本无异，渠坡在第 45 天时

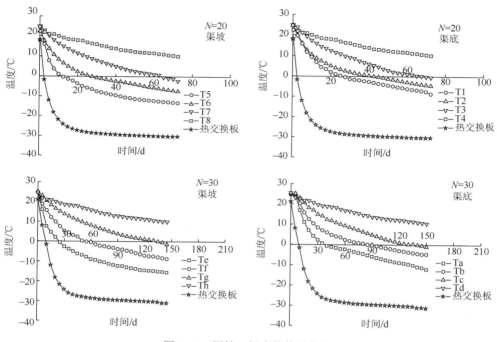

图 3-39　渠坡、渠底热传递曲线

冻胀量基本稳定，较 1#试验略早，最终冻胀位移量为 15.71mm，第 30 天至第 45 天的冻胀速率约为 0.94mm/d；渠底最终法向冻胀位移量为 10.32mm。两组试验对比中发现，渠坡和渠底衬砌下表面进入负温的时间点基本相同，但之后含水率较高 3#试验的降温幅度小于 1#试验，最低温度在两组试验中相差分别为渠坡 1.82℃，渠底 1.99℃。而 1#试验和 2#试验中冻胀位移值差别不大，但 2#试验中冻胀作用时间较 1#试验滞后。

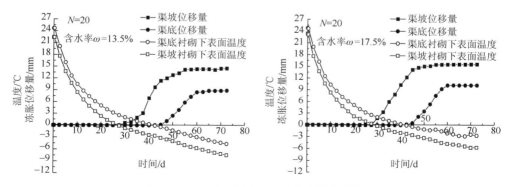

图 3-40　渠坡、渠底冻胀位移和温度曲线

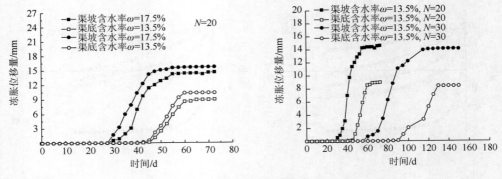

图 3-41　冻胀量的对比

2）试验结果分析

如前所述，试验是在 LVDT 位移传感器所测冻胀位移值基本稳定后终止的，热交换板在各组试验所能达到的最低温度基本相同，但在同一时刻不同位置处所能达到的温度有很大差别。

降温幅度反映了单一位置发生热交换所达到的最低温度，而降温速率反映温度下降的快慢。对于同一 $g$ 值下的衬砌上表面，渠坡的降温幅度及降温速率最大，下方各测点的降温幅度及降温速率依次下降，渠底规律同样如此，但渠底至热交换板距离比渠坡远，接收的热量（冷量）相对渠坡小，这表现为渠底各测点进入负温的时间较渠坡慢，且最低温度相对较高；而在同一位置处衬砌上表面与衬砌下表面的温差较大，这说明虽然未铺设保温材料，渠道表面铺设的衬砌起一定的保温作用。相应地，30$g$ 值下渠坡衬砌上表面的降温幅度比 20$g$ 值试验中大，30$g$ 值下渠底衬砌上表面同样如此，这与衬砌表面至热交换板的距离较近有关。由此看来，渠道模型单一位置接收的热量（冷量）主要取决于模型到热交换板的距离。

事实上，在较小的空气间隔条件下，热交换板的能量传递给渠道模型存在三种方式，即传导、辐射、对流，辐射受小尺寸模型的限制，是十分有限的。能量首先由对流为主的形式传递至渠道衬砌，再由渠道衬砌通过传导为主的形式传递给渠基土，最终通过孔隙流体渗流实现热扩散，期间渠道衬砌吸收和反射了一定热量。对流过程中热传递能量的多少取决于热交换板与渠道衬砌表面的温差、两者的距离以及离心加速度，距离较远的渠底接收的热传导能量相对较小。渠底衬砌上表面接收的总传热量可按以下方法计算：

设热交换板表面最终温度为 $T_p$，渠道模型衬砌表面的初始温度为 $T_s$，两者距离为 $H$，那么纯热传导热量 $q_{cond}$ 由下式计算：

$$q_{cond} = k \frac{T_s - T_p}{H} \tag{3-2}$$

式中，$k$ 为空气热传导系数，1 标准大气压下空气在 0℃时的热传导系数为 $k_c$= 0.022W/(m·K)。

对于理想气体，若 $T_s > T_p$，热交换板与衬砌表面之间的自然对流传热量 $q_{conv}$ 由下式计算：

$$Nu = \frac{q_{conv}}{q_{cond}} = C(Ra_H)^m \qquad (3-3)$$

式中，$Nu$ 为努塞尔数；$Ra_H$ 为瑞利数，由下式计算：

$$Ra_H = \frac{NgH^3 \Delta T}{\alpha v \overline{T}} \qquad (3-4)$$

式中，$Ng$ 为离心加速度；$\alpha$ 为空气膨胀系数；$v$ 为空气动力黏度系数。

$$\overline{T} = 0.5(T_s + T_p) + 273.16 \qquad (3-5)$$

$$\Delta T = T_s - T_p \qquad (3-6)$$

$C$、$m$ 为试验参数，与瑞利数 $Ra_H$ 的关系见表 3-4。若 $0.5 < v/\alpha < 2$，且 $T_p > T_s$，则 $C=1$，$m=0$。

表 3-4　参数关系

| $Ra_H$ | $C$ | $m$ |
| --- | --- | --- |
| <1700 | 1 | 0 |
| 1700～7000 | 0.059 | 0.4 |
| 7000～$3.2\times10^5$ | 0.212 | 0.25 |
| >$3.2\times10^5$ | 0.061 | 0.33 |

由此可见，不计辐射热交换能量，渠道衬砌表面的热交换量应为

$$q_{max} = q_{cond} + q_{conv} \qquad (3-7)$$

试验中环境温度由−31～25℃，取渠道衬砌表面初始温度 24℃，参数：$T_p$=−31℃，$T_s$=25℃，$H$=0.095m（20$g$）、0.07m（30$g$），$v$=9.49×$10^{-6}$m²/s，$\alpha$=1.32×$10^{-4}$m²/s。

将参数带入式（3-2）、式（3-4）得：$q_{cond}$=12.96W/m²（20$g$）、17.6W/m²（30$g$），$Nu$=17.56（20$g$）、14.82（30$g$），由此可见两者通过传导接收的能量相差不大，渠道模型所接收的传热方式主要为自然对流传导。再根据式（3-3），热传导传热量分别为 $q_{conv}$=228.1W/m²、260.832W/m²，两者有一定差距，距离较远的位置接收的自然对流传热量相对较小。

在 1#和 2#试验中的渠顶土体表面及对应原型表面下 0.2m 并转化成相应原型时间的热传递曲线如图 3-42 所示。

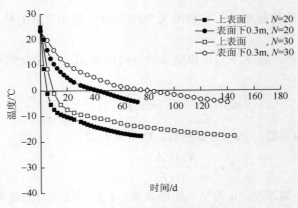

图 3-42　渠顶热传递温度曲线

由图 3-42 可知,对于不同 $g$ 值下的渠基土降温速率与离心加速度有关。为进一步验证土体离心模型热传递规律,现定义:

$$\mu = 1 - \frac{t}{t_0} \tag{3-8}$$

式中, $t_0$ 为测点初始温度; $t$ 为一定时刻对应于原型的测点温度。本书选取 $t$=5d、15d、30d、45d 和 60d (20$g$), $t$=25d、50d、75d、100d 和 125d (30$g$)。将各散点绘制在 $t$-$\mu$ 表中并拟合,如图 3-43 所示。

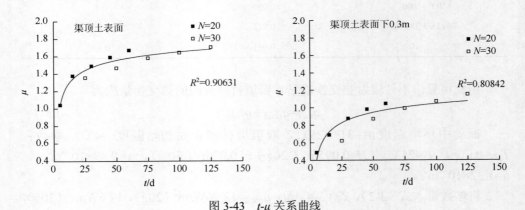

图 3-43　$t$-$\mu$ 关系曲线

模型垂直方向上的热传递属一维传热问题,Savvidou (1988) 推导并用离心模型试验分别验证了一维传导和一维对流在加速度 $Ng$ 条件下,土体模型内传热速度是原型内的 $N^2$ 倍。陈湘生等 (2002)、Krishnaiah 和 Singh (2004) 以及陈湘生也通过试验进一步验证了该结论。

由图 3-43 可知,对于一定的试验 $g$ 值, $\mu$ 随原型时间增加而增大。根据拟合曲线所示，对不同试验 $g$ 值下的 $t$-$\mu$ 关系，各散点吻合度较高，这说明在土体离心模型中，加速度为 $Ng$ 条件下，模型内传热速度是原型内的 $N^2$ 倍的结论是正确的。

就法向冻胀位移而言，对于渠基土含水率较高的渠道模型，虽然渠基土内同一位置处的降温幅度小于低含水率下的渠道模型，但渠坡与渠底表面的法向冻胀位移值相对较高些。渠基土的冻胀变形存在明显的速冻胀和缓冻胀阶段，在无外供水源的封闭系统中，渠底及渠坡冻胀量主要是由渠基土中水相变成冰后体积膨胀产生的，渠基土达到一定冻深后，渠基土进入速冻胀阶段，此阶段的特征是冻胀量大，作用时间短。此后缓冻胀阶段，形成缓冻胀阶段的原因可能是温度进一步下降，水分进一步向冻结锋面迁移所致。由速冻胀阶段转为缓冻胀阶段，反映了渠基土体内快速热传递到整个模型内热能与热交换板热能之间温度场相对稳定的转变。试验中离心加速度值对渠道冻胀位移值得影响不明显，仅是推迟了土体产生冻胀的作用时间。

## 3.4　渠道冻害的现场监测技术

现场监测是获取实际工程工作性状的最直接和有效的方法，大坝安全、边坡稳定等大型现代工程建设中都需要进行安全监测。一个完整而有效的监测系统，应该包含一系列有调整性、有针对性和反复循环的日常观测、现状评估、趋势预报、控制与补救等程序，这样才能及时发现自然环境变化现象和工程结构异常问题，采取相应的预防和处理措施，减轻乃至消除影响工程构筑物运营的安全事故。

### 3.4.1　渠道冻害的监测技术现状

受到监测技术发展水平的限制，长期以来，渠道冻害的监测主要以人工观测、现场巡测为主。对输水渠道的冻害监测项目主要有气象资料的监测、基土地温的监测、基土含水率的监测、地下水的监测、冻胀变形的监测等。

#### 3.4.1.1　气象资料的监测

以前气象资料的观测仅限于大气温度、降雨等的实际人工测量，近年来随着气象观测自动化水平的提高，人工观测逐渐转为自动观测，可通过自动气象站进行观测，尤其便携式自动气象站的出现，可以方便快捷地收集环境温度、湿度、风向、风速、日照等气象要素，并通过无线网络进行传输。图 3-44 为某便携式自动气象站。

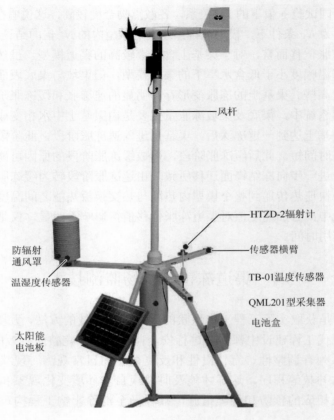

图 3-44　便携式自动气象站

## 3.4.1.2　基土地温的观测

由于连续的负温环境是渠道冻胀的必要条件，因此，地温的观测是渠道冻害监测重点。地温监测主要是监测渠道底部基土温度场的变化，从而可计算冻结起始时间、冻结深度等特征参数。目前测温探头多用热敏电阻、热电偶和玻璃棒缓变温度计等。采用热电偶配数字电压表测量围电压的地温测量方法以前应用较广，但缺点是需要零温瓶和另配电源，并且数字电压表受寒冷气温影响较大。热电偶温度计测量地温方法如图 3-45 所示。

目前市场上应用较多的是电阻温度传感器，热敏电阻具有体积小、反应快、使用方便的优点，通过热敏电阻，可以把温度及其变化转换成电学量或电学量的变化加以测量，标准的铂电阻温度计结构如图 3-46 所示。例如，基康的 BGK-3700 埋入式温度计，可以适用于–30～70℃的测温环境，分辨率可达 0.1℃。

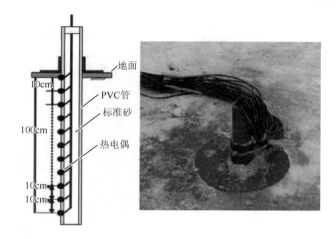

图 3-45　热电偶测土温装置

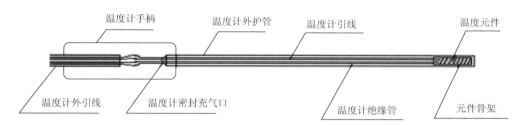

图 3-46　标准铂电阻温度计结构示意图

## 3.4.1.3　冻深的监测

冻土器是观测冻土的仪器，通常由外管和内管组成，外管为一标有 0 刻度线的硬橡胶管，内管为一根有厘米刻度的软橡胶管，管内有固定冰柱用的链子或铜丝、线绳，底端封闭，顶端与短金属管、木棒及铁盖相连，内管中灌注当地干净的河水、井水或自来水至刻度的 0 线处。常用的有丹尼林（Denillin）冻土器，即用一个直径 1cm 左右带刻度的软质塑胶管，灌入当地地下水，插入直径 3cm 左右的套管中。采用冻土器观测冻深具有直观、可靠、投资少、制作埋设方便等优点，被视为测量冻深的标准方法，但也存在观测周期长等缺点。

邢爽等（2010）则采用了亚甲蓝冻结深度计测量冻土冻结深度，试验时将亚甲蓝冻结深度计垂直埋入土体中，并将仪器的上端露出。仪器内管可以从外管中抽出，内管上标有刻度，由于亚甲蓝溶液冻结会变白，因此可以通过读取内管上端亚甲蓝变白部分的长度，得到冻土深度，如图 3-47 所示。

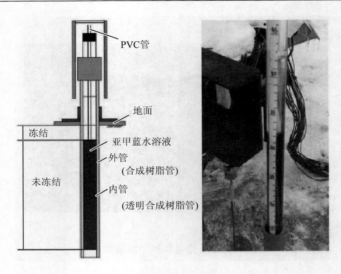

图 3-47　亚甲蓝冻结深度计

### 3.4.1.4　基土含水率的监测

对土体含水率的测试，最直接并且应用较广的是人工钻孔现场烘干法，简单、造价低，但评价某一剖面的含水率变化动态时，可比性较差。

中子水分仪是另一种常用的测试方法，中子水分仪主要包括中子源和中子探测器。中子测水分的基本原理在于动量守恒定律，氢原子的质量和中子十分接近，所以一个高速运动的快中子和氢原子发生弹性碰撞时，它的能量急剧下降，平均十多次碰撞就减速变成能量很小的热中子。在中子水分仪前端，装有一个同位素中子源，它能不断地发射出快中子，当土壤中的含氢量（即含水量）较大时，快中子很快被慢化成热中子，这些热中子犹如云雾一般紧紧围绕在中子源的周围，若土壤含水量较小时，中子被碰撞的机会少，能运动到稍远的地方去，这样中子云的密度就较稀疏，反之亦然。在中子源的附近，装有一个热中子探测器，它能测出进入其体积内的热中子，这样热中子计数和土壤含水量之间就存在一种确定的关系，通过标定，就能由热中子计数算出土壤含水量。中子水分子仪的结构示意图见图 3-48。

无损时域反射技术（time domain reflectometry，TDR）测试土体含水率的方法应用越来越广，它原来是 20 世纪 60 年代末出现的一种确定介电特性的方法，经过许多学者不懈努力地改进，90 年代后期国际上已经把 TDR 作为测量土壤水分的基本仪器，近年来，在我国应用也越来越广。TDR 是根据探测器发出的电磁波在不同介电常数物质中的传输时间的不同，计算出被测物含水率，得到土体含水率的方法。由于土壤中水的介电常数远大于土壤中的固体颗粒和空气的介电常数，因此随土壤水分含量升高，土壤介电常数增大，而沿波导棒的电磁波传播时间也随之延长。通过测定土壤中高频电磁脉冲沿波导棒的传播时间计算出传播速度，就可以确定土壤含水量。TDR 的工作原理见图 3-49。

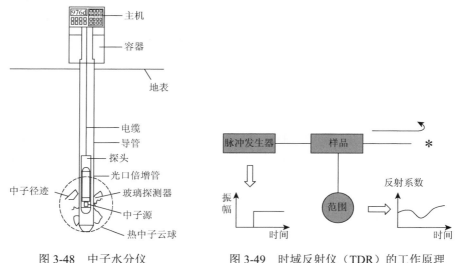

图 3-48　中子水分仪　　　　　　图 3-49　时域反射仪（TDR）的工作原理

### 3.4.1.5　地下水位的观测

地下水位是指地下含水层中水面的高程，地下水位的测试一般采用埋设水位管，水位管选用直径 50mm 左右的钢管或硬质塑料管（张喜发等，2013），管底加盖密封，防止泥沙进入管中。下部留出 0.5～1m 的沉淀段（不打孔），用来沉积滤水段带入的少量泥沙。中部关闭周围钻出 6～8 列直径为 6mm 左右的滤水孔，纵向间距 5～10cm。相邻两列的孔交错排列，呈梅花状布置，管壁外部包扎过滤层，过滤层可选用土工织物或网纱，上部管口段不打孔，以保证封孔质量。近年来，随着 TDR 技术的发展，也开始有学者采用 TDR 测试地下水位。地下水位自动监测系统是采用水位传感器采集数据，然后将采集数据通过网络进行传输，可组成范本自动化观测系统。

### 3.4.1.6　冻胀融沉变形的观测

目前无论是对天然地表还是工程构筑物变形的观测，主要还是用水准仪抄平方法。这种方法的一个重要前提是埋设基准点，无论是冻结松散土层或基岩露头，基准点基础均要埋入岩土之中，松散土层中基准桩入土深度要大于 4 倍以上的冻土上限深度，基岩中入岩深度为 2 倍以上的冻土上限深度，冻融土层间要作专门防冻拔处理，一般可采用钢棒外套钢管，管间充填防冻填料。基准桩周围回填非冻胀砂砾石填料，若用基准管，管内要充填土料，孔口封闭并锉平，出露地表长度尽可能短于 20cm，以减少人为扰动。基准点尽量埋设于观测点中间，其周围要做防护围栅。冻融测点要保持与观测体变形的一致性，如以打入的锚固钢钉、建筑体上的混凝土、钢筋头等作为测点，每次观测前要首先检查测点是否被人为扰动或破坏。

### 3.4.1.7　冻胀作用力的观测

冻胀作用力的观测非常困难，原因在于只有在保持土体不发生冻胀变形的情况下，才能准确地测试出土体的冻胀作用力，在实际现场测试中，都需要设置反力梁，目前在冻土地基中有现场测试冻胀作用力的试验。地基土的冻胀力测量装置见图 3-50，在原状土表面与反力梁间设置压力计，利用螺栓调节压力计的高度，旋转螺栓的螺母正好贴紧反力梁，并观察计算机显示的压力值，在压力值正好超过零时，停止旋转螺母。在气温降到 0℃，并开始记录各种数据之前，需要检查压力计是否贴紧反力梁。

图 3-50　冻胀力测量装置

## 3.4.2　渠道冻害的自动化监测技术实例

近年来，随着智能传感器技术的发展，岩土工程中的孔隙水压力、土压力、位移等的监测，在条件允许的情况下，都可以通过数据采集单元，纳入到自动化监测系统中。依托于水利部公益性行业科研专项"寒区灌渠冻害评估预报与处治技术"，作者在新疆北疆地区建立了渠道冻害防护的现场试验段，研究了不同类型渠道结构的防渗防冻胀效果。

### 3.4.2.1　现场试验段概况

现场试验段位于乌鲁木齐市天山区南郊，南邻红雁池水库，地处乌鲁木齐市郊区。本地区地处欧亚大陆腹地中心，远离海洋，属中温带大陆性干旱气候，春秋两季较短，冬夏两季较长，昼夜温差大，寒暑变化强烈。年平均降水量为 194mm，最热的 7 月、8 月平均气温为 25.7℃，最冷的 1 月平均气温为–15.2℃。试验地区春季在 4 月到来，9 月下旬以后气温下降迅速，10 月昼夜温差增大，冬季长达 5 个月。

试验段建设在 1000m² 的场地上，分别换填研究了黏性土基、盐渍土基作为渠床土的情况，设置了五种不同类型的试验渠段，包括只设置混凝土板防渗、混凝土板+两布一膜防渗，并设置了采用聚苯板保温、高压闭孔板保温、GCL 膨润土防水毯作为不同防渗保温材料的效果。图 3-51 为一种典型的试验段渠道的结构形式。

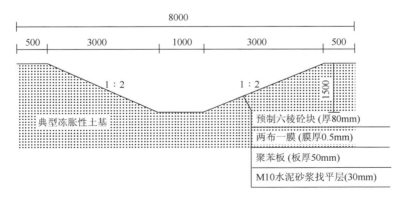

图 3-51　典型试验段渠道的结构形式（mm）

本现场试验段监测主要包括以下几个方面的研究内容：①大气温度，主要对环境温度因素监测；②渠基土物理量，渠基土的含水率、土体温度；③混凝土衬砌板变形量，混凝土衬砌板在渠基土冻胀作用下的垂直与渠道坡面的位移；④渠基土体孔隙水压力的监测；⑤混凝土衬砌板-渠基土界面的土压力，主要对混凝土衬砌板底部土压力的监测。

### 3.4.2.2　试验段渠道的监测

1）温度的监测

渠基土的温度是判断衬砌下土体冬季是否冻结以及渠基土冻结深度的重要指标，故本次现场试验在渠道两侧的坡面衬砌下表面以及底部渠道衬砌下的不同深度处埋设了 RT-1 型电阻式温度计，见图 3-52。温度传感器埋设如下：由于其探头外侧有金属保护壳，用探槽法将传感器埋置于设定的位置后，采用原状土回填钻孔。其技术参数如表 3-5 所示。

图 3-52　RT-1 型温度传感器

表 3-5　RT-1 型温度传感器规格及主要技术参数

| 规格代号 | | RT-1 |
|---|---|---|
| 尺寸参数 | 长度 $L$/mm | 60 |
| | 直径 $D$/mm | 8 |
| 性能参数 | 温度范围/℃ | −40～150 |
| | 灵敏度/℃ | ±0.1 |
| | 测量精度/℃ | ±0.3 |
| | 耐水压/MPa | ≥1 |

图 3-53　土壤湿度传感器

2）含水率的监测

为全面掌握渠基土冻胀变形与渠基土含水率之间的关系，本次现场试验采用MP-406 型精密土壤湿度传感器，埋设在渠道两侧的坡面衬砌下表面以及底部渠道衬砌下的不同深度处。该传感器由一个内含电子器件的防水室和与之一端相连的四个不锈钢针组成的探针组成，设备由环保材料组成，全密封，可长期埋设在地下任意深度，对土壤湿度进行连续测量（图3-53）。土壤湿度传感器的埋设方法如下：在渠道相应测点开挖探槽后，在探槽上方铺设一层细砂，水平放置传感器后再用细砂包裹传感器，之后回填渠基土至相应的压实度。土壤湿度传感器的技术参数见表3-6。

表3-6　土壤湿度传感器主要技术参数

| 测量参数 | 容积含水率/（m³/m³） |
|---|---|
| 量程/（m³/m³） | 0～1.0 |
| 精度/（m³/m³） | ±0.005 |
| 土壤电导范围/（S/m） | 0～0.1 |
| 土壤取样体积 | 直径2.5cm，长6cm |
| 适用温度范围/℃ | 0～60 |

图3-54　VWP-0.16型孔隙水压力计

3）孔隙水压力的监测

输水渠道在冻害破坏后，输水渗漏会致使部分渠基土处于饱和状态，同时本次现场的Type I 与 Type II 试验段未布设防渗层，基于此考虑，本次现场试验段在渠道底部衬砌下800mm处设置了VWP-0.16型孔隙水压力计，见图3-54，其具体技术参数见表3-7。

表3-7　孔隙水压力计规格及主要技术参数

| 规格代号 | | VWP-0.16 |
|---|---|---|
| 尺寸参数 | 长度 $L$/mm | 130 |
| | 直径 $D$/mm | 24 |
| 性能参数 | 温度范围/℃ | −40～150 |
| | 测量精度 FS | ±0.1% |
| | 灵敏度 $k$/（kPa/F） | ±0.3 |
| | 测量范围/kPa | 0～250 |

4）土压力的监测

土体冻结后体积将发生膨胀，在土体膨胀受到限制的情况下，冻结土体将对约束冻胀的结构产生法向和切向上力的作用，这个力即为冻胀力。对于设置了混凝土衬砌的输水渠道，渠基土的冻胀变形产生对衬砌的冻胀作用力，造成了渠道的冻胀破坏，从而加剧了输水渗漏。故在本次现场试验段渠道衬砌的下表面安装了界面土压力计，用以量测衬砌受到的法向冻胀力。本次采用 VWE-0.4 型界面土压力计，布设在水泥砂浆找平层下面。土压力计见图 3-55，其具体技术参数见表 3-8。

图 3-55　VWE-0.4 型界面土压力计

表 3-8　界面土压力计规格及主要技术参数

| 规格代号 | | VWE-0.4 |
|---|---|---|
| 尺寸参数 | 高度 $L$/mm | 26 |
| | 直径 $D$/mm | 156 |
| 性能参数 | 温度范围/℃ | $-40\sim150$ |
| | 测量精度 FS | $\pm0.1\%$ |
| | 灵敏度 $k$/（kPa/F） | $\leqslant0.2$ |
| | 测量范围/kPa | $0\sim400$ |

5）混凝土衬砌板位移的监测

渠基土冻胀作用下，衬砌将发生相应的变形，故本次现场试验采用 VWD-100 型振弦式位移计对渠道的冻胀变形进行监测，该位移计由万向节、不锈钢护管、二级机械负放大机构、观测电缆、振弦及激振电磁线圈组成。位移计的埋设方法如下：首先在渠道底部开挖至基岩面，用电钻在基岩上钻一个深约 200mm 的钻孔，然后放入螺纹钢筋，最后用水泥浆将钻孔处灌封密实，确保钢筋在渠道冻胀力作用下不会滑动。然后将位移计下端的万向节拧紧在加长钢筋上，位移计上端的万向节与加长钢筋拧紧后固定在渠道表面混凝土衬砌板上。位移传感器的安装如图 3-56 所示，其主要技术参数如表 3-9 所示。

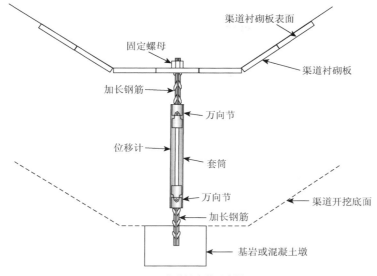

(a) 位移计安装示意图

(b) 位移计现场安装图

图 3-56　VWD-100 型振弦式位移计的安装方法

表 3-9　VWD-100 型振弦式位移计技术参数

| 尺寸参数 | 仪器外径/mm | 30.5 |
|---|---|---|
| | 仪器长度/mm | 400 |
| 性能参数 | 测量范围/mm | 0～100 |
| | 灵敏度 $k$/(mm/F) | ≤0.04 |
| | 测量温度范围/℃ | −40～150 |
| | 温度测量精度/℃ | ±0.5 |
| | 耐水压/MPa | ≥1 |

6）试验段工程的施工

由于试验段地质条件为碎石、砂砾石，因此，从附近的两处工地取回了壤土和盐渍土进行换填，换填深度 1m。土体换填过程中，边回填边用振动碾将土体夯实，每层换填厚度在 20cm，要求土体的压实度在 0.95 以上。换填的过程中，在设计的位置分别埋设位移计、温度计等传感器，并注意仪器电缆的保护。需要铺设保温材料和防渗膜的渠段，分别按要求进行铺设。最后铺设预制混凝土六棱块作为保护层。现场试验渠段主要施工过程如图 3-57 所示。

(a) 渠基土的换填　　　　　　　(b) 渠基土的夯实

(c) 监测仪器的埋设　　　　　　(d) 防渗膜铺设焊接

(e) 水泥砂浆找平层施工　　　　(f) 传感器电缆的保护

(g) 混凝土板的铺设　　　　　　　　　　　(h) 建设好的混凝土试验段渠道

图 3-57　试验段渠道的施工过程

## 3.4.2.3　自动化监测的实现

　　试验段中所埋设的各种类型传感器全部为智能型，可以全部接入 MCU-32 分布式模块化自动测量系统中。该自动化监测量单元采用 Visual Studio.Net 工具编写，可运行在 windows xp 及 windows 7 平台，系统能管理众多的串口、协议和路由，胜任复杂的分布式测量通信系统的数据采集传输和管理，并具有充分的可拓展性，随时满足新增加的需求。MCU 测量单元所采集的数据通过通信协议传输，系统本身可支持 RS485、TCP/IP 网络传输、无线数传电台传输、光缆传输、公用移动网传输（GPRS/CDMA）等，本次自动化监测选用的是移动网络 GPRS 通信协议。系统可灵活设置多种测量方式，支持单点测量、多点巡测、定时测量、离线测量等，该系统可批量登陆各单元各点传感器资料，系统自动计算采集到的各类传感器物理量，可关闭不参与测量的测点，排除损坏测点和无用观测点使巡测更快捷。数据采集过程中，根据传感器资料中设置的报警值及时进行数据校验，并对越线数据进行报警，发出报警声并屏闪报警文字。自动化监测系统的实现如图 3-58 所示。

　　在试验场地上建设了观测房，将 MCU 测量单元放置在观测房内，采用电源为交流照明电，并设置了 MCU 避雷装置，以防止夏天雷雨天气对测量单元造成损害，观测房内的 MCU 测量单元如图 3-59 所示。

　　所用的自动化采集单元均采用南京葛南公司出厂系统自带的分布式采集系统，数据采集界面如图 3-60 所示。由于系统自带的数据采集界面不能进行复杂数据的分析处理，因此，在原系统的基础上，开发了渠道监测系统的管理分析和预警软件，该软件包适用于 windows xp 及 windows 7 平台运行，针对 MCU 采集的数据进行处理，可以使用户方便直观地分析处理渠道冻害和盐害的相关监测数据。下面介绍该软件的一些主要功能。

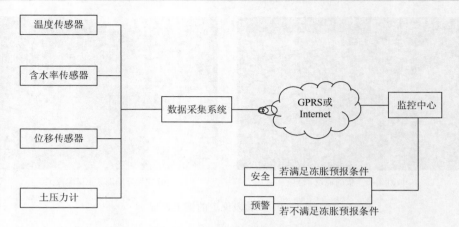

图 3-58　自动化检测系统组成图

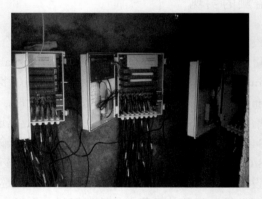

图 3-59　自动化监测数据采集单元

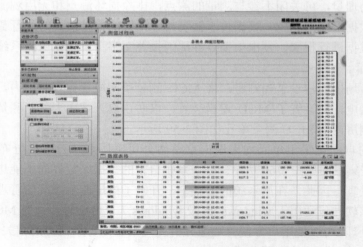

图 3-60　自动化监测数据采集界面

（1）程序启动后出现登录界面，点击"登录"按钮进入主界面，如图 3-61 所示。

图 3-61　软件登录界面

（2）系统配置菜单：主要功能为导入数据库、垂直位移点数据和初始参数，并提供查询数据导出至 Excel 功能，如图 3-62 所示。

图 3-62　系统配置菜单及其子菜单

数据库设置：点击后通过设置按钮选择适合的文件，点击确定配置数据库数据，如图 3-63 所示。

图 3-63　数据库设置菜单操作界面

仪器数据导入：点击后选择仪器的初始参数，初始参数需按固定格式导入，可参考安装包中的"模板.dbf"文件，如图 3-64 所示。

图 3-64　仪器数据导入菜单操作界面

位移点数据导入或添加：选择垂直位移点数据，垂直位移点数据需按固定格式导入，可参考安装包中"水准点测量记录及数据.dbf"，如图 3-65 所示。

图 3-65　位移点数据导入及添加菜单操作界面

数据导出：选择需导出的数据，点击查询后可导出至 Excel 文件，如图 3-66 所示。

图 3-66　数据导出操作界面

（3）数据整理菜单：可进行数据误差处理及数值计算，如图 3-67 所示。

图 3-67　数据整理及其子菜单

基础数据处理：分为"错误数据处理"、"温度数据处理"、"模数值数据处理"等，可分别进行大误差筛除、温度数据错误筛除、模数值误差错误处理，如图 3-68 所示。

图 3-68　基础数据处理菜单操作界面

数据计算：对数据库中所采集的数据计算相应的位移、含水率、渗压水头、土压力数值，由于事先已经将各传感器的参数和计算公式输入进系统中，因此，可一次性计算，如图 3-69 所示。

图 3-69 数据计算菜单处理界面

（4）查询菜单。查询原始采集数据及处理计算后数据，如图 3-70 所示。

图 3-70 查询菜单及其子菜单

仪器数据查询：对单个数据的原始采集数据及计算后数据进行查询，勾选"均值查询"后查询数据为日均值，如图 3-71 所示。

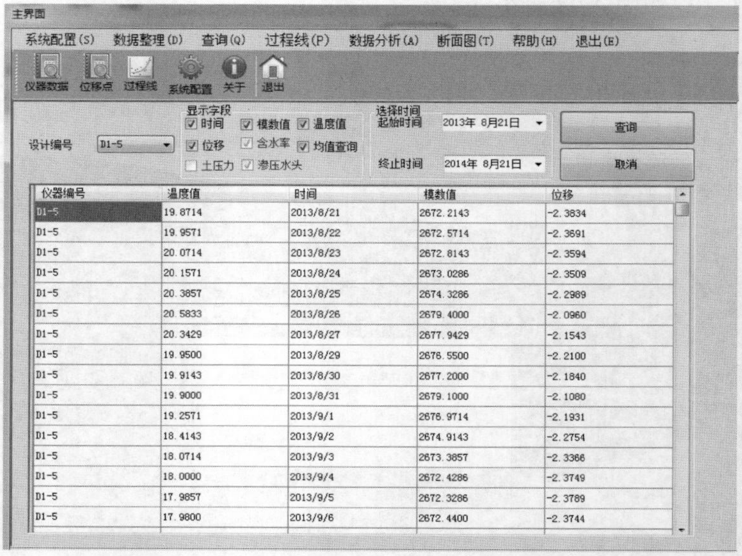

图 3-71 仪器数据查询菜单操作界面

组合仪器查询：可对多个仪器的计算后数据进行查询，并可在查询后导出为 Excel 文件，如图 3-72 所示。

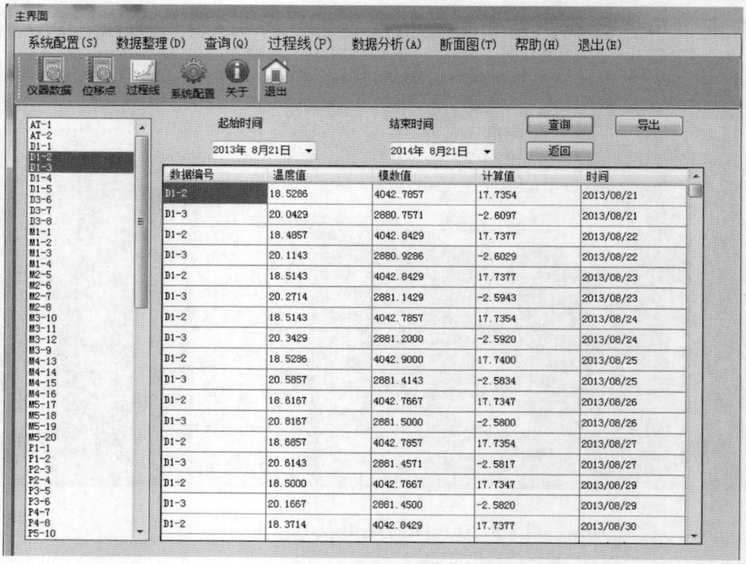

图 3-72 组合仪器查询菜单操作界面

计算公式查询：可查询、修改每个仪器的初始数据参数和相应的计算公式，如图 3-73 所示。

图 3-73　计算公式查询菜单操作界面

垂直位移点查询：可查询不同日期的单个或多个垂直位移点数据，如图 3-74 所示。

图 3-74　垂直位移点查询菜单操作界面

　　垂直位移点差值：可查询垂直位移点两个日期之间的位移差，查询日期必须为导入文件中数据测量日期。如图 3-75 所示。

图 3-75　垂直位移点差值菜单操作界面

（5）过程线菜单：可将查询的数据按数据采集时间绘制过程线，如图 3-76 所示。

图 3-76　过程线及其子菜单

过程线绘制：绘制单个仪器过程线，并可进行打印，如图 3-77 所示。

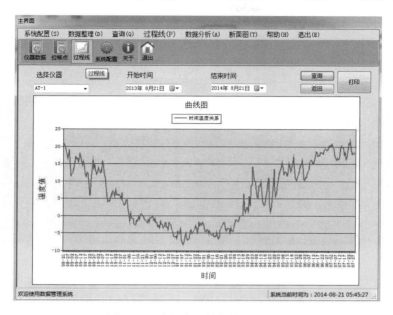

图 3-77　过程线绘制菜单操作界面

组合过程线：绘制多个仪器过程线，并可进行打印，如图 3-78 所示。

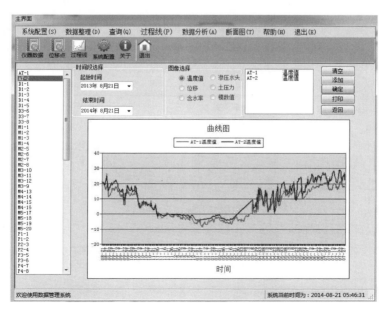

图 3-78　组合过程线菜单操作界面

（6）数据分析菜单：对数据进行回归分析拟合，以更好地看出数据的变化趋势和规律，如图 3-79 所示。

图 3-79　数据分析及其子菜单

回归分析：对所选数据进行线性回归、多项式回归、指数回归、对数回归、乘幂函数回归等回归拟合，如图 3-80 所示。

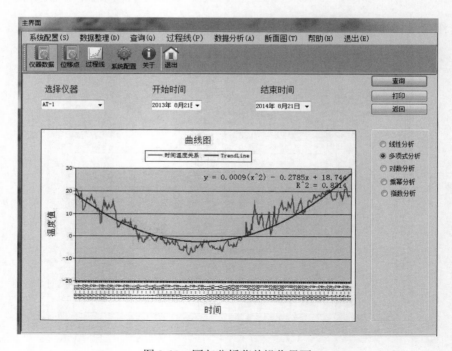

图 3-80　回归分析菜单操作界面

（7）断面图菜单：主要用于查看试验段渠道不同形式和传感器布置位置等，如图 3-81 所示。

图 3-81　断面图及其子菜单

对断面图上仪器编号点击右键，可进行相关的数据查询、参数查询与修改、设备名称修改、密码的修改，如图 3-82 所示。

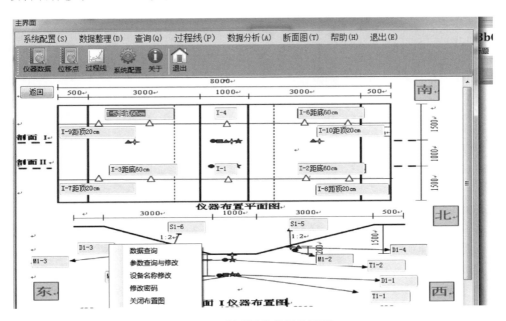

图 3-82　断面图菜单操作界面

（8）帮助：点击后可查看软件帮助及版权说明。

（9）退出：点击后可以实现退出程序。

（10）预警：根据设定的参数，对可能发生的冻胀破坏进行预警。

（11）桌面快捷按钮：针对菜单中常用功能的快捷按钮，如图 3-83 所示。

图 3-83　桌面快捷按钮

仪器数据：对单个数据的原始采集数据及计算后数据进行查询，勾选"均值查询"后查询数据为日均值，如图 3-84 所示。

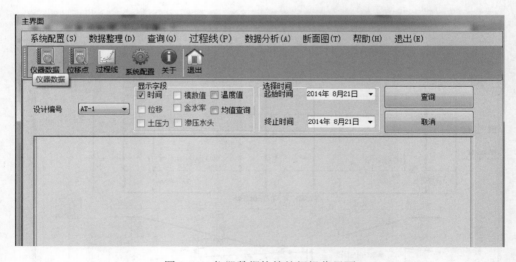

图 3-84　仪器数据快捷按钮操作界面

位移点：查询不同日期的单个或多个垂直位移点数据，如图 3-85 所示。

图 3-85　位移点快捷按钮操作界面

过程线：绘制单个仪器过程线，并可进行打印，如图 3-86 所示。

图 3-86　过程线快捷按钮操作界面

系统配置：配置数据库文件，如图 3-87 所示。

图 3-87　系统配置快捷按钮操作界面

# 第四章　渠道冻害的防护和修复技术

## 4.1　渠道冻害的防护技术

根据渠道冻害成因分析，渠道防渗工程是否产生冻胀破坏、其破坏程度如何，取决于土冻结时水分迁移和冻胀作用，而这些作用又和当时当地的土质、土的含水量、负温度及工程结构等因素有关。我国在防治渠道衬砌冻胀破坏的实践中，提出了"允许一定冻胀位移量"的新观点和采用"适应、削减冻胀"的防冻害原则及技术措施，总结了一些防渗防冻胀较好的断面和结构形式。因而，防治渠道工程的冻害，要针对产生冻胀的因素，根据工程具体条件从渠系规划布置、渠床处理、排水、保温，以及衬砌的结构形式、材料、施工质量、管理维修等方面着手，从回避、适应、削减或消除冻胀三个方面考虑，采取适宜的防治冻害措施。

### 4.1.1　回避冻胀

回避冻胀是在渠道工程规划设计时，注意避开出现较大冻胀量的自然条件，或者在冻胀性土地区，采取回避冻胀的结构措施，防止冻害发生。

1）避开冻胀的自然条件

在渠道规划选择线路时，宜结合常规要求，力求做到：①尽可能避开黏土、粉质土壤、淤土地带和松软土层等地段，选择透水性较强（如砂砾石）的不易产生冻胀的地段；②避开地下水位高（特别是有傍渗水补给）的地段，使渠底冻结层控制在地下水对冻胀的临界影响深度以上；③冬季不输水渠道尽可能采用填方渠道；④渠线尽可能布设在地形较高的计量地带，避免渠道两侧有地面水（降水或灌排水）入渠；⑤在有坡面傍渗水和地面回归水入渠的渠段，尽量做到渠、路、沟相结合，或者专设排水设施；⑥沿渠道外两侧应规划布置林带，树木有排水作用，树根能对土壤起到加固和垫层作用，可以改善渠床土基，如柳树根能改变渠基土壤结构，可使强冻胀性的细粒土改变为弱冻胀性或者非冻胀性的有须根的网状土，有利于防冻害，但植树距衬砌防渗结构应有一定距离。

2）埋入措施

埋入措施是将渠道构造做成涵或管埋设在冻结深度以下的措施，即采用暗渠或暗管输水。埋入措施可以避免冻胀力、热作用力等的作用，是一种可靠的防冻胀措施，并且占地极少，水量损失最小，管理维护简单方便，便于交通和机耕。

但一次性投资较大，技术要求高，一般当流量大、坡度又缓时不经济。暗渠和暗管的横断面形式有箱形、城门洞形、正反拱形和圆形等，从节省材料和水力条件考虑，以圆形为好。

　　3）置槽措施

　　置槽措施是将渠槽侧壁全部或部分设置于地面以上，避免侧壁与土接触以回避冻胀，如图 4-1 所示。一般渠槽横断面为矩形，渠槽回填土高度应小于槽深的1/3，并在渠槽底部设置非冻胀性置换层。常用的有预制混凝土矩形槽、现浇混凝土矩形槽和砌石矩形槽。这种渠槽施工简单方便，适用于中小型填方渠道上，是一种较为经济的防治冻害措施。

　　4）架空渠槽

　　架空渠槽是用桩、墩等构筑物支撑渠槽，使槽体与基土脱离，避开冻胀性基土对渠槽的直接破坏作用，如图 4-2 所示。但必须保证桩、墩等不被冻拔。这种措施形似渡槽，占地少，易适应各种地形条件，不受水头和流量大小的限制，管理维护方便，但造价较高，适用于渠基土冻胀量较大的情况。

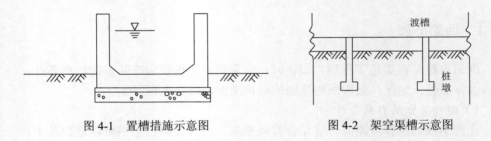

图 4-1　置槽措施示意图　　　　　　　图 4-2　架空渠槽示意图

## 4.1.2　削减冻胀

　　当渠基土冻胀量较大，且渠床在反复冻胀融沉的作用下，可能产生冻胀累积或残余变形情况时，可采取适宜的削减冻胀措施，将渠基土的最大冻胀量削减到衬砌结构允许冻胀位移范围内。

### 4.1.2.1　置换措施

　　置换措施是在冻结深度内将衬砌板下的冻胀性土换成非冻胀性土的一种方法，通常又称铺设砂砾石垫层。砂砾石垫层不仅本身无冻胀，而且能排除渗水和阻止下卧层水分向表层冻结区迁移，所以砂砾石垫层能有效地减少冻胀，防止冻害现象的发生。为完全消除冻胀影响，可将冻结深度以内冻胀性土全部置换，但用砂砾石置换后，冻结深度会比原渠基扩大（因砂砾石的导热系数比一般土大），若置换到冻不到的深度，工程量必然增加很多。因此，当冻结深度较大时，应根据冻胀强度沿冻深的分布状况和衬砌结构的允许位移值，计算渠床各部位的置换深度，确定置换断面。

根据《渠系工程抗冻胀设计规范》(SL 23—2006)，当渠基土冻胀级别为Ⅲ、Ⅳ、Ⅴ时，可采用置换措施防止冻胀破坏。置换时应采用非冻胀性土置换渠床原状土。当置换层有被淤塞危险时，应在置换体迎水面铺设土工膜或土工织物保护；若置换体有可能饱水冻结时，应保证冻结期置换体有排水出路。渠床各部位置换深度 $Z_e$ 可按下式计算：

$$Z_e = \varepsilon Z_d + \delta_0$$

式中，$Z_e$ 为置换深度，cm；$Z_d$ 为渠床某部位的设计冻深，cm；$\delta_0$ 为衬砌板厚度，cm；$\varepsilon$ 为置换比，可结合当地经验，参照表 4-1 选取。

表 4-1    渠床置换比 $\varepsilon$ 值

| 地下水埋深 $Z_w$/cm | 渠床土质 | $\varepsilon$/% | |
|---|---|---|---|
| | | 坡面上部 | 坡面下部、渠底 |
| >$Z_d$+200 | 黏土、粉土 | 50~70 | 70~80 |
| >$Z_d$+150 | 细粒土质砂 | 50~70 | 70~80 |
| >$Z_d$+100 | 含细粒土砂 | 40~50 | 40~50 |
| 小于上述值 | 黏土、粉土、细粒土质砂 | 60~80 | 80~100 |
| | 含细粒土砂 | 50~60 | 60~80 |

## 4.1.2.2    保温措施

保温措施是在渠道衬砌体下铺设隔热保温层，阻隔大气与渠基土的热量交换，提高衬砌体下基土温度，削减或消除冻胀，防止发生冻害。保温材料宜采用憎水性材料，如果采用亲水性保温材料，应设置防水保护层，常用的隔热保温材料有膨胀蛭石、膨胀珍珠岩、聚苯乙烯泡沫板（简称聚苯板）、硬质聚氨酯泡沫板和高分子防渗保温卷材等。近年来，国内采用混凝土衬砌下铺设聚苯乙烯泡沫板的保温方法，具有良好的保温效果。根据试验资料，1cm 厚的泡沫塑料保温层相当于14cm 厚填土的保温效果，并且具有吸水性小、强度高、耐腐蚀和抗老化等优点。但其价格也较高，一般在采用其他防冻胀办法不经济或遇到一些特殊地段时，如在冻深较大、缺少砂石地区或地下水浅埋地区才采用聚苯乙烯泡沫板做保温层。

隔热保温材料的厚度，可根据基土土质、含水量、设计冻深或冻结指数通过热工计算加以确定。对于中小型渠道，聚苯乙烯泡沫板的厚度可按设计置换深度的 1/15~1/10 取用。冻胀量大的部位取大值，冻胀量小于允许位移值的部位可不设泡沫板。

隔热保温材料要求具有耐久性强、吸水性小及不易变质等特性。当隔热保温材料承受荷载作用时，还要求隔热材料不产生大的变形并具有足够的抗压强度，有些保温材料抗压性能低，当放在荷载较大的衬砌板下时易产生大的压缩变形，影响保温效果。一般来说，隔热效果好的隔热材料抗压强度小，隔热材料受湿后隔热效果及强度均会下降。多数保温材料的保温效果随着潮湿及吸水率的增大而降低。特别是当地下水位较高时，由于地下水的长期浸泡会使其导热系数增加，进而降低保温效果。物理力学性能较好的聚苯乙烯泡沫塑料的使用寿命也只有30多年。

### 4.1.2.3　压实措施

采取压实措施提高渠床土密度以降低冻胀量是一种简单易行的方法。压实法可以使土体的干密度增加、孔隙率降低、透水性减弱，从而减小渠基土的冻胀变形。密度较高的压实土冻结时，具有阻碍水分迁移、聚集，从而削减甚至消除冻胀的能力。据此，可以通过渠床的压实处理，来达到防治冻害的目的。试验证明，当土的饱和度达到一定值时，土的冻胀性随干密度的增加而下降。

压实处理法，分渠床原状土压实和翻松土压实两种。前者所能达到的深度较浅，一般在0.3m以内，不宜在寒冷地区应用；后者可分层回填，逐层压实，可达较大压实厚度。压实处理渠床时，应先清除淤泥、杂草，然后再进行碾压。翻松土压实，还需视土料含水情况，进行扒松晾干或洒水补充，使其接近最优含水量；每次碾压的厚度根据碾压机械的压实功能和土料性质确定，一般不宜过厚；每次碾压需洒水并扒毛表面，以利与下层土层结合，分段接头处应削成缓坡结合，并交错夯实。为确保工程质量，应随时抽碾压土样，现场测定干密度。压实措施尤其对地下水影响较大的渠道有效。地下水位高的渠道，多为强冻胀破坏，滑塌严重，整修渠坡时对填土进行夯实是非常必要的，如果在基土中掺入一定量的石灰，压实和防冻胀效果更好。

### 4.1.2.4　隔水与排水措施

当渠基土中的含水量大于起始冻胀含水量时，才会出现冻胀现象，因此，防止渠水和渠堤上的地表水渗入渠基，隔断水分对冻层的补给，以及地下水位高时排出渠基冻胀层的水分，是防止渠基土冻胀的有效措施。

1）隔水措施

采用塑料薄膜、油毡、膨润土防水毯、复合土工膜等，设置隔水层，隔断渠道渗水、大气降水和地下水等对冰冻层的补给，使渠基土的含水量低于起始冻胀含水量，从而削减或消除冻胀。另外，为防止渠堤上的地面径流入渗，需做好沿渠的防洪、排水工程，渠坡衬砌体顶部应做好封顶，以防来水浸入衬砌板，保证施工质量，防止衬砌体的伸缩缝或结构缝漏水渗入渠基。

在混凝土衬砌板下加铺一层土工膜，可大大减少渠水渗漏量，使冻结前渠基土中的含水量尽可能降低，尤其对预制混凝土板衬砌结构，这种作用更为明显。试验表明，预制混凝土板衬砌的渗漏损失可达 12310L/（m$^2$·d），而加铺一层膜料后渗漏量减少为 7L/（m$^2$·d），冻胀量减少 35%～50%。

当地下水在渠底以下的埋深大于或等于地下水影响冻结锋面的临界值，且无傍渗水补给时，可在衬砌体下铺设防渗土工膜，衬砌体与膜料直接可用水泥砂浆、砂砾石或粗砂做过渡层。

2）排水措施

当地下水位高于渠底，或当地下水位虽不很高，但渠基土透水性差，渠道的渗漏水和浸入渠基的雨水不能很快渗入基土深处时，应根据渠段所处的地形和水文地质条件，按不同的情况设置排水设施，以达到排泄通畅、地基疏干、冻结层无水源补给的目的。

当渠基设有换填砂砾石层，且附近有低洼地排水时，可采用纵向集水管和横向排水暗沟组成的排水设施。集水管可采用带孔的塑料管或者混凝土管等，其管径根据排水量大小确定，但不宜小于 15cm，集水管纵比降不得小于 0.001，其周围也应采取反滤措施。集水管一般设置在渠底中部，当渠道为较大型渠道货渠底较宽时，亦可分设于两边坡脚。为了减少横向排水沟的数量，可将纵向集水管从两个方向引向排水暗沟。排水垫层的水进入集水管的方式，如采用多孔混凝土管；水通过空隙进入管内，如采用塑料管、波纹塑料管。为了使水进入，则需要在管壁打孔，外包土工布。引向集水管的排水层，还应具有 0.005 的比降。

当渠基未设砂、砾石置换层，且附近又无洼地排水时，可采用下列两种排水设施排水入渠：①排水沟与渠底集水井组合式排水设施。采用该种方法时，排水沟宽可设为 15～20cm，其中可填砾石、碎石等；在集水井上需要设置逆止阀，并应在其周围做反滤处理，以免渠基发生管涌或流土。②排水管和排水阀组合式排水设施。采用该种方法时，排水管及底部排水沟的设置方法，可以参照表4-2选用。

表 4-2　渠床置换比 ε 值

| 边坡高度 H/m | 地下水高的透水性地基 | 地下水高的不透水性地基 |
| --- | --- | --- |
| H<2.5 | 设或不设底部排水沟 | |
| 2.5<H<5.0 | 设 1～2 层排水管和底部排水沟 | 设 1～2 层排水管 |
| H>5.0 | 设 2～3 层排水管和底部排水沟 | 设 2～3 层排水管及底部排水沟 |

　　对于冬季输水的衬砌渠道，当渠侧有傍渗水补给渠床时，可在最低行水位以上设置反滤排水体，排水口设置在最低行水位处，将傍渗水排水入渠内，避免浸湿渠床。

### 4.1.2.5　结构措施

　　结构措施就是在设计渠道断面和衬砌结构时，采用合理的形式和尺寸，使其具有削减、适应或回避冻胀的能力。各地通过多年科学试验和生产实践，提出了许多适合当地条件的防冻胀断面形式和结构形式。适应不均匀冻胀能力较优的渠道断面形式有 U 形、弧形底梯形和弧形坡脚梯形等，对于不同的渠道应采用不同的断面形式。

　　当渠基土的冻胀级别为Ⅰ、Ⅱ级时，可结合渠道衬砌防渗要求采用下列渠道断面和衬砌结构：①采用整体式混凝土 U 形槽衬砌结构；②采用弧形断面或弧形底梯形断面形式；③宽浅渠道宜采用弧形坡脚梯形断面，并适当增设纵向伸缩缝，以适应冻胀变形；④梯形混凝土衬砌渠道，可采用架空梁板式或预制空心板式结构；⑤砌石衬砌等其他结构形式。当渠基土的冻胀级别为Ⅲ、Ⅳ、Ⅴ级时，可采用下列渠道断面和衬砌结构：①采用地表式整体混凝土 U 形槽或矩形槽，槽底可设置保温层或非冻胀土置换层，槽侧回填土高度宜小于槽深的 1/3；②渠深不超过 1.5m 的宽浅渠道，宜采用矩形断面，渠岸采用挡土墙式结构，渠底采用平板结构，墙与板连接处设冻胀变形缝；③可采用桩、墩等基础支撑输水槽体，即架空渠槽，使槽体与基土脱离；④采用暗渠或暗管输水。

　　下面介绍近年来全国各地出现的一些主要的渠道结构断面形式或防冻胀技术措施。

#### 1）U 形断面

　　U 形渠道具有水力性能好、占地少等优点，而且在冻胀变形中为整体变位，冻胀变位较为均匀，产生裂缝少。从 20 世纪 70 年代开始，U 形渠道在日本、法国和意大利等国得到广泛应用，断面形式大多为半圆、抛物线和半椭圆形。我国近年来采用较多的是底为半圆形上加直线段的断面形式，直线段高度一般是半圆形直径的 1/3～1/2，直线段稍向外倾斜（以 1：0.2 为宜），顶部向外延伸宽度可取壁厚的 2～3 倍（李甲林和王正中，2013）。

　　U 形渠道具有输水条件好，占地面积少，挟沙能力强等优点，而且在冻胀变形中为整体变位，断面各点冻胀变形方向与水平线的夹角变化是渐变的，变形较为均匀，在地基冻结过程中一般不会发生错位，产生裂缝较少；桶式、弧形渠底还能起拱的作用，可承受一定地基冻胀力，能在一定程度上约束地基的冻胀变形。统计分析结果表明，当冻深达最大值时，与梯形断面相比，U 形断面平均削减地基冻胀量可达 20%～25%，因此，U 形断面结构形式的渠道护面冻胀变形允许值比梯形渠道大（渠道护面允许的冻胀变形值是指产生第一道裂缝时护面上发生的最大冻胀值），断面的参与变形量比梯形渠道要小。山西省在 20 世纪八九十年代，发展了大量的小型 U 形渠道，至今运行良好。对于大型 U 形渠道而言，由于断面尺寸大，整体刚度较小，渠坡承受水平冻胀能力弱，累积残余变形较大，渠底反拱作用减弱，与小型 U 形渠道相比，较易产生冻胀破坏。

　　小型 U 形衬砌断面及冻胀力作用下的受力如图 4-3 所示。由平衡条件知：水平向冻胀力自相平衡，引起侧板冻胀破坏；竖向冻胀力与切向冻结力平衡，引起竖向上抬位移。由于地板的弧形使其内里以轴向压力为主，而侧板以弯曲变形为主，最终引起侧向冻胀破坏。根据平衡条件及侧板控制弯矩的极小条件，可求得一种最优断面，一组最优参数（$\varepsilon$，$n$），满足这组关系的 U 形断面即为抗冻灾能力最强的断面。在过水能力相同的情况下，整体小型 U 形断面是各种渠道断面形式中抗冻胀能力最强的，其断面特征无量纲参数 $\varepsilon = S/R^2 = 1.896$，$n = l/R = 1.777$，$\alpha = 1.25$（71.66°）。

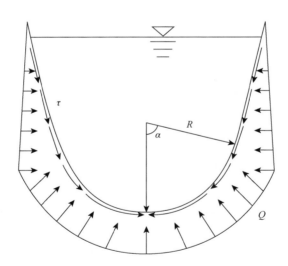

图 4-3　小 U 形渠道衬砌断面受力图

注：图中 Q 为冻胀力，单位一般为 N 或 kN

2）弧底梯形断面

　　弧底梯形断面被许多试验和工程证明对防治冻胀有效。甘肃靖会总干渠的资料表明：弧形底梯形断面的总变形并不比梯形明显减小，但冻胀变形是连续变化且分布较均匀，从而减少了裂缝。青海的试验表明，弧形底梯形断面冻胀比梯形断面均匀，能承受的最大允许冻胀变形是梯形的 1.6～2.6 倍，且有纵向伸缩缝的适应变形能力最强,残余变形最小。水利部西北水利科学研究所实验中心试验表明弧底梯形能较好地适应冻胀变形。

3)复式梯形断面

该断面形式是将梯形断面的两侧边的直线改为向外的折线,其折点位置在梯形高的下三分点处,能保证过水断面面积与原梯形断面相同。其最大的优点是缩短了两边的直线长度,即增强了衬砌的抗弯刚度,同时又减少了两侧衬砌板冻结力对地板的约束,从而减小了底板及侧板的冻胀力。既提高了衬砌结构的抗力又降低了导致衬砌板破坏的冻胀力,以达到提高抗冻灾破坏的能力和目的,同时在保证过水断面相同的情况下,也不会增加四周和衬砌板周长。因此,该复合式梯形断面与梯形断面相比,既造价经济,又是在水力学上的合理断面,如图4-4所示。

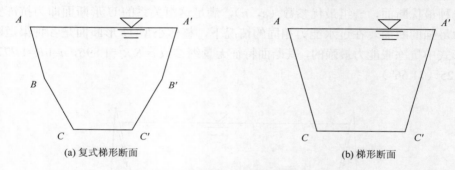

(a) 复式梯形断面　　　　　　　　　　　　　　(b) 梯形断面

图 4-4　复式梯形断面与梯形断面的比较

4)变截面加厚衬砌和架空梁板式

陕西曾在大中型渠道上采用了一些特殊的结构形式,包括肋型平板、楔形板和中部加厚板等。在冻胀较强的部位加厚衬砌,以期对冻胀有较强的抵抗作用,取得了一定的效果,但仅适用于冻胀期短的弱冻胀地区。山西潇河灌区梯形渠道采用架空梁板式或预制槽形混凝土板,这种结构利用密闭空气导热系数来达到保温效果,同时梁板式结构中的混凝土梁可对基土产生较一般衬砌板大的压力,抵抗一部分冻胀力,沿坡长每 2m 打一道 20cm×20cm 混凝土梁,槽形板厚 6cm,槽深 20cm,板面尺寸 90cm×200cm。这种结构可用于冻胀量不大的地区。对梯形渠道原坡脚以变形缝的形式加以改造,设法解除约束,也能适应一定冻胀变形。有工程采用土工格室混凝土板结构,以土工格室为框架,其内现浇混凝土,具有较好的抗冻胀变形能力。

5)现浇混凝土钢丝网与保温一体化抗冻胀结构

大中型混凝土衬砌渠道面板型式单一,单块预制板尺寸小,铺设接缝多,整体性差,普遍存在冻胀问题。为此,2001 年内蒙古自治区在河套等 4 个大型灌区开展了现浇混凝土钢丝网与保温一体化抗冻胀结构形式的研究,面板为现浇钢丝网混凝土，下设聚苯乙烯保温板和聚乙烯膜。试验结果表明：采用这种形式，其防渗抗冲能力较强，保温防冻胀效果显著、结构合理、稳定性好、运行可靠、便于施工，且工程造价比预制板加保温板结构形式减少20%左右，可以在大型灌区节水改造工程的设计和建设中采用。

6）采用混凝土与保温防渗膜料复合衬砌结构

内蒙古、黑龙江、宁夏、陕西、甘肃等地对多种不同的衬砌结构模式进行了试验分析，提出了一些防冻胀效果好、经济实用的衬砌模式。如内蒙古等地提出的防冻胀结构模式：干渠衬砌宜采用全断面混凝土板衬砌，板下铺设聚苯乙烯保温板和聚乙烯薄膜防渗材料，坡脚支撑采用直插式下卧齿墙的结构型式；支渠可采用梯形断面弧形坡脚或弧底梯形全断面混凝土板衬砌，板下铺设保温板和防渗膜的结构型式。若采取基土换填风积砂，冻胀量随换填厚度增加而减小。南北走向的支渠，渠底换填风积砂40cm，冻胀量可削减55.5%；换填60cm，冻胀量可削减74%，且没有产生冻胀破坏。

7）柔性生态透水墙防护技术

这是针对我国西部地区灌渠的季节性冻土、地下水渗透压力大等特点，遵循拟自然生态恢复的理念提出的一种新型渠道防护模式，其基本技术是用变径混凝土柱、高强度土工格栅仿拟植物根系网络作用，构筑柔性生态透水防护墙。这种技术方式的优点在于：有效防止渠道滑坡的同时，避免了冻胀、渗透破坏的威胁，缓解波浪冲刷，减少人畜落水的危险；同时仿拟自然的有益功能和效果，提高水岸绿化程度；沿渠道两侧可设景观廊道和网络，增强亲水效果，体现人水和谐；形成的绿色水岸长廊，有利于水岸的稳定和水质的改善，提供水禽等生物栖息和滤食性鱼类、两栖类动物繁衍的场所。

8）改良的土工格栅纤维混凝土+无砂混凝土防护技术

该技术方式根据渠道水生态系统的特点，在正常水位以下仍在格室内浇筑纤维混凝土，但不同点在于：当渠道较深、防护坡面较长时，应在一定高程上设置安全凹面，以保障人员不慎落水时有踏脚点，在正常水位以上则浇筑无砂混凝土。这种技术方式不仅具有渠道防护门整体柔性、局部刚性、抗冻胀效果较好的优点，同时濒水超高部分为植物生长创造了条件，减少了泥土溅入渠道的机会；无砂混凝土表面较大的粗糙度和安全凹面，在一定程度上也可避免人畜落水。

9）土工袋防渠道冻胀技术

近年来，有学者开展了土工袋防渠道冻胀技术的研究。土工袋具有操作方法简单、施工周期短、成本低、强度高、减振隔振等优点，而且该技术对袋内土体没有特殊的要求，可以将碎石料、淤泥、砂土和建筑物废弃渣料装入编织袋中为工程所用。结合土工袋的优点和土体冻胀的特殊性，提出了土工袋防渠道冻胀的新方法，即将黏土装入编织袋中，在北方寒冷地区把一定冻深范围内的土体用土工袋处理，按照一定的排列方式堆放在渠道边坡和渠底，从而达到防渠道冻胀目的。为验证土工袋防冻胀效果的有效性，作者对黏土、编织袋、土工袋组合体和土工袋处理渠道进行了室内试验，研究了冻融循环作用下土的强度特性、编织袋的强度特性、土工袋组合体和土工袋处理渠道的冻融冻胀特性，揭示了土工袋防冻胀机理。但目前该技术还仅限于室内试验阶段，还需要在现场应用才能验证其防冻胀效果。

### 4.1.3　渠道防渗防冻胀新材料

#### 4.1.3.1　新型土工复合材料

我国在 20 世纪 60 年代中期开始用塑膜防渗，经过 20～30 年的运用实践，表明塑膜具有防渗效果好、质轻、延伸性强、造价低和抗老化的特点。近年来又开发出用土工织物或其他材料与土工膜结合而成的新型土工复合材料，分"一布一膜"和"两布一膜"两种。吉林灌区渠道从 20 世纪末开始使用两布一膜防渗，效果显示其可减少渗漏，适应冻土的不均匀冻胀变形，与混凝土板等刚性材料结合，既保护了防渗层，稳定了边坡，又延长了使用寿命，是北方灌区较理想的防渗防冻胀材料。

#### 4.1.3.2　聚丙烯（PP）纤维混凝土

普通混凝土极易形成干缩裂缝，影响其质量和耐久性，特别是混凝土的抗冻胀变形能力和抗冻融破坏能力显著降低。近几年出现聚丙烯纤维混凝土技术，较为有效地解决了这一问题。PP 纤维是以聚丙烯为原料，经过熔融或溶解成为黏稠液，在一定压力下喷成丝，并经加工和表面处理而成的细纤维状物，将其均匀加入混凝土后，可在混凝土内部构成三维乱向支撑体系，从而极为有效地增强混凝土的韧性和早期抗拉强度，减少表面裂纹和开裂宽度，增强混凝土的防渗性能和结构的整体性能，极大地提高了其抗冻害能力。河北石津灌渠的室内试验表明，在每 $1m^3$ 混凝土中掺入 0.9kg 的 PP 纤维，其抗裂能力提高 100%～150%，抗渗能力提高 70%，抗冲刷能力提高 50%～100%，3～28d 龄期抗压强度提高 15%～30%。黑龙江香磨山灌区在支渠和斗渠上采用 PP 纤维混凝土衬砌与接缝，既减小了衬砌厚度，又防止了冻害，是北方灌区较理想的防渗防冻胀材料。

#### 4.1.3.3　新型固化土防渗材料

土壤固化剂是一种新型固化土防渗材料，按照其固化原理可分为电离子类和水化类两种，将其加入各类土壤，能增强土体憎水性或降低途中水的冰点，阻止或减弱土体冻结时的水分迁移，提高土体防渗抗冻性能，从而减轻或消除冻胀。陕西宝鸡峡灌渠和山东省葛沟灌渠在全国大型灌渠节水改造中进行了土壤固化剂防渗渠道的试验应用，证明土壤固化剂用于渠道防渗工程上，具有可就地取材、工程造价低、施工方便、防渗效果好等特点。为解决土壤固化剂抗冻性不稳定、耐久性差的问题，我国已经开始研究固化土复合防渗结构，用土壤固化剂固化渠基土，再利用混凝土等刚性材料做保护层，组成防渗抗冻耐久的新型复合结构。此外，还进行了掺入聚苯乙烯纤维的固化土抗压抗渗试验，结果表明当固化剂掺量为 1∶8、纤维掺量为 0.9kg/m³ 时，固化土的 28d 抗压强度达到最高，较同条件下不掺纤维的固化土强度提高 29%，渗透系数降低 27%以上，满足并超过渠道衬砌对水泥土的要求。

## 4.1.3.4　纳米改性防渗材料

### 1）纳米改性混凝土

混凝土防渗是目前广泛采用的一种渠道防渗结构措施，它具有防渗效果好、允许流速大、强度高、耐久性好等优点，但其抗冻性能较差。国内外已经开始利用纳米材料改性混凝土性能的研究，并应用于高速公路路面及路缘石施工中，结果表明可显著提高混凝土的耐久性，其抗冻性提高 20 倍。在渠道防渗方面，我国已开始在不显著提高成本的前提下利用纳米材料改进混凝土防渗抗冻性能的研究。

### 2）纳米改性复合土工膜

土工膜是一种薄型、连续、柔软的防渗材料，具有防渗性能好、适应变形能力强、施工方便、工期短及造价低等特点，但是土工膜较薄，在施工和运行期易被刺穿，使得防渗性能大大降低，同时其抗冻性能也差。利用纳米材料对普通混凝土对普通土工膜进行改性，生产的新型复合土工膜兼有有机和无机的特点，厚度约在普通聚乙烯土工膜的 2/3～3/4，可大幅降低工程造价，并且其强度和抗穿刺性能明显提高，提高了土工膜的应用范围。

## 4.1.3.5　新型伸缩缝止水材料

灌溉渠道一般多用刚性材料进行防渗衬砌，其伸缩缝和接缝止水材料费用，在国外一般占工程总费用的 10%左右，国内占 3%～4%。伸缩缝材料应具有高温不流淌、低温不脆裂和良好的黏结力与伸缩性，伸缩缝止水材料由最初的沥青砂浆，发展到聚氯乙烯塑料胶泥（焦油塑料胶泥）和沥青油毡板等，但均存在性能差、造价高、施工技术复杂等问题，并且聚氯乙烯塑料胶泥（或焦油塑料胶泥）

中含有煤焦油，对灌溉水和环境都有污染。进入 20 世纪 90 年代后，冷施工接缝材料相继出现，如弹性聚硫密封材料、遇水膨胀橡胶止水条，前者造价太高，后者遇水反复膨胀效果不够理想，且施工较为麻烦。近年来，针对上述问题，研制开发了是由 PTN 沥青聚氨酯接缝材料、高分子止水带及止水管等填充材料，止水性能好，施工方便，已经得到广泛应用。因此，《渠道防渗工程技术规范》（SL 18—2004）中规定，伸缩缝的填充材料应采用黏结力强、变形性能大、耐温性好、耐老化、无毒、无环境污染的弹塑性止水材料。

1）PTN 石油沥青聚氨酯接缝材料

PTN 石油沥青聚氨酯接缝材料具有黏结力强（≥0.50MPa）、断裂伸长率高（≥450%）、耐温性好（−40℃不脆裂、70℃不流淌）、耐老化、无毒、无环境污染、价格较低、适应潮湿界面以及常温下施工等优点。PTN 石油沥青聚氨酯接缝材料有关技术性能的测试结果见表 4-3。

表 4-3　PTN 石油沥青聚氨酯接缝材料的技术指标

| 项目 | JC/T482—2003 技术规定 | PTN 技术指标 |
|---|---|---|
| 密度/(g/cm³) | 规定值±0.1 | 1.40 |
| 表干时间/h | ≤24 | ≤2 |
| 适用期/h | — | ≤4 |
| 弹性恢复率/% | ≥70 | 96（1h） |
| 拉伸（60%）模量（−20℃）/MPa | >0.1 | 0.8 |
| 拉伸强度/MPa | >0.2 | 2.0 |
| 断裂伸长率/% | — | 800 |
| 拉伸黏结强度/MPa | — | 1.0 |
| 黏结拉伸断裂伸长率/% | — | 200 |
| 抗渗性能/MPa | — | ≥2.0 |
| 定伸黏性 | 60%无破坏 | 100%无破坏 |
| 浸水定伸黏结性 | 60%无破坏 | 100%无破坏 |
| 拉伸压缩循环（−30%～30%） | — | 2000 次无破坏 |
| 水中冻融循环（−20～25℃拉伸 30%） | — | 50 次无破坏 |
| 耐老化性（300W，50℃紫外辐照 300h） | — | 表面无裂纹（伸长率降低 4%） |
| 耐热性 | — | 100℃、2h 无流淌 |
| 低温柔性 | — | −50℃、2h 绕 Φ 25mm 圆棒无裂纹 |
| 耐水性 | — | 浸泡 2400h，无碎块、表面无开花 |
| 抗酸、碱、盐侵蚀 | — | 饱和酸、碱、盐溶液中浸泡 168h 后，拉伸强度保持率≥95%，断裂伸长率保持率≥90% |

2）氯化聚乙烯（CPE）止水管（带）

氯化聚乙烯（CPE）止水管（带），是以氯化聚乙烯树脂为主体材料配以各种助剂和填料，经塑冻、混炼和挤出或压延等工艺而制成的。该材料为高弹性高分子化合物，与专用胶黏剂配套使用，在–40～80℃时性能良好；具有抗拉、抗撕裂强度高，延伸率大，抗渗透性、抗穿孔性强，耐腐蚀、耐酸碱、耐臭氧、耐油性、耐老化性以及阻燃性优良等特性；对地基冻胀或沉降、混凝土伸缩变形的适应能力强；质量轻，黏结性能好，可冷施工操作，工序简单，劳动强度小，工效高，造价低。经检测，材料性能符合国家标准《氯化聚乙烯防水卷材》（GB12953—2003）中Ⅰ型合格品级的要求。氯化聚乙烯（CPE）止水管（带）及其配套材料的规格见表4-4，技术性能指标见表4-5。

表4-4　氯化聚乙烯（CPE）止水管（带）及其配套材料的规格

| 材料名称 | 用途 | 规格 | 说明 |
|---|---|---|---|
| 止水带 | 止水主体 | 厚度：1.2～2.0mm<br>宽度：120～250mm<br>长度：30m/卷 | 可按现浇或预制施工方法采用不同形式止水带 |
| 止水管 | 止水主体 | 外径：11～22m<br>壁厚：1.5～3.0mm<br>长度：50m/卷 | 按缝宽选用 |
| 胶黏剂 | 粘贴卷材和黏结卷材之间的接头 | 专用胶黏剂5kg/桶 | 若要加速固化，可掺入胶黏剂质量10%的列克纳，胶黏剂用量为0.7kg/m² |

表4-5　氯化聚乙烯（CPE）止水管（带）的技术性能指标

| 项目 | 性能指标 | 项目 | | 性能指标 |
|---|---|---|---|---|
| 外观质量 | 无气泡、疤痕、裂纹、黏结和孔洞 | 热老化处理 | 拉伸强度变化率 | –20%～+50% |
| 拉伸强度 | 不小于5.0MPa | | 断裂伸长率变化率 | –30%～+50% |
| 断裂伸长率 | 不小于100% | | 低温弯折性 | –20℃无裂纹 |
| 热处理尺寸变化率 | 不大于3.0% | 人工候化处理 | 拉伸强度变化率 | –20%～+50% |
| 低温弯折性 | –40℃无裂纹 | | 断裂伸长率变化率 | –30%～+50% |
| 抗渗透性 | 0.2MPa/（24h）；不渗水 | | 低温弯折性 | –20℃无裂纹 |
| 抗穿孔性 | 不渗水 | 水溶液处理 | 拉伸强度变化率 | ±30% |
| 剪切状态下的黏合性 | 不小于2.0N/mm | | 断裂伸长率变化率 | ±30% |
| | | | 低温弯折性 | –20℃无裂纹 |

## 4.1.3.6　新型保温材料

工程上把导热系数小于0.29W/(m·K)、密度小于1000kg/m³的材料称为保温材料。寒冷地区的渠道衬砌与防渗工程中，常将隔热保温材料铺设在衬砌体背面，可以减轻或消除渠床的冻胀。保温材料的品种很多，如膨胀蛭石、膨胀珍珠岩、矿渣棉板等。随着化学工业的发展，泡沫塑料保温材料已经广泛应用于渠道衬砌与防渗工程中，如聚苯乙烯（PS）泡沫板、聚氨酯（PUR）泡沫塑料等。另外，近年来一种具有防渗保温双重功能的新型高分子防渗保温卷材（SDM）也开始在渠道工程中试验应用，结果表明具良好的保温效果。泡沫塑料按软硬程度可分为软质泡沫塑料、硬质泡沫塑料和半硬质泡沫塑料；按泡孔结构的不同又可分为开孔泡沫塑料和闭孔泡沫塑料。渠道防渗工程中的保温材料应选用硬质闭孔泡沫塑料。

1）聚苯乙烯泡沫塑料板

聚苯乙烯是由苯乙烯制成的聚合物，保温用的聚苯乙烯泡沫塑料板是由聚苯乙烯珠粒经加热预发泡后，在模具中加热成型而制成的具有闭孔结构的聚苯乙烯泡沫塑料。用于渠道衬砌与防渗工程中的聚苯乙烯泡沫塑料板，其物理力学性能应符合表 4-6 的规定。

表 4-6　聚苯乙烯泡沫塑料板的技术指标

| 密度/ (kg/m³) | 吸水率，浸水 96h（体积百分数，%） | 压缩强度（压缩 10%）/kPa | 弯曲强度/kPa | 尺寸稳定性 −40～70℃（10%） | 导热系数/ [W/(m·K)] |
|---|---|---|---|---|---|
| ≥20 | <2.0 | ≥50 | ≥180 | ±1.5 | ≤0.04 |

2）聚氨酯泡沫塑料

聚氨酯泡沫塑料按所用原材料的不同，可分为聚醚型和聚酯型，按成型方法可分为块状聚氨酯泡沫塑料、模塑聚氨酯泡沫塑料和喷涂聚氨酯泡沫塑料，按用途可分为绝热保温材料和结构泡沫材料。作为绝热保温材料的硬质聚氨酯泡沫塑料的物理力学性能应符合表 4-7 规定。

表 4-7　硬质聚氨酯泡沫塑料物理力学性能

| 项目 | I | | II | |
|---|---|---|---|---|
| | A | B | A | B |
| 密度/(kg/m³) | 30 | 30 | 30 | 30 |
| 压缩性能屈服点时或形变 10%时的压缩应力/kPa | 100 | 100 | 150 | 150 |
| 导热系数/ [W/(m·K)] | 0.022 | 0.027 | 0.022 | 0.027 |
| 尺寸稳定性（70℃，48h）/% | 5 | 5 | 5 | 5 |

注：表中 I，II 代表两种规备

### 4.1.3.7　高分子防渗保温卷材

高分子防渗保温卷材是将高分子材料改性，运用交联发泡技术，经表层膜塑、多层组合、S 形重叠搭接等工艺研制的一种具有防渗、保温双重功能的新型卷材（SDM）。与传统的塑膜等相比，其防渗保温效果好，运输、施工方便，工程综合造价低；吸水率小，保温效果稳定，耐久性好；有较好的弹性和伸长率，可使渠道防渗结构的受力状况得到改善；防虫害能力强、无毒、耐腐蚀；可与无纺布复合，使其具有防渗、保温和平面导水功能等。高分子防渗保温卷材用做渠道防渗、保温防冻材料时，应进行试验论证，并且其性能应符合表 4-8 的规定。

**表 4-8　高分子防渗保温卷材的技术指标**

| 项目 | | 技术指标 |
| --- | --- | --- |
| 密度/(kg/m³) | | 40～60 |
| 吸水率，浸水 96h/% | | <1.0 |
| 不透水性，30min 无渗漏/MPa | | ≥0.6 |
| 断裂拉伸强度/（kN/m） | | ≥3.0（厚度为 1cm） |
| CBR 顶破强度/N | | ≥100 |
| 刺破强度/N | | ≥300 |
| 压缩强度(压缩 10%)/kPa | | ≥30 |
| 压缩恢复率(压缩 10%)/% | | ≥30 |
| 尺寸稳定性–40～70℃ | | ≥98 |
| 冻融 200 次循环 | 强度保持率/% | ±1.5 |
| | 伸长率保持率/% | ≥95 |
| 导热系数/［W/(m·K)] | | ≤0.04 |

## 4.1.4　管理措施

运行管理不善会加重渠道工程的冻害破坏。当冬季来临时，渠道停水过迟，渠基土中水分不及时排除即开始冻结；春季开始放水的时间太早，基土还在冻结状态下即行放水，极易引起水面线附近部位强烈冻胀，或在冻结期放水后又停水，常引起滑塌破坏；对冻胀裂缝不及时修补，造成裂缝年复一年地扩大、变形累积，以致破坏。因此，必须加强运行管理，做好以下管理工作。

（1）渠道正常运行期间的水位不应超过设计水位，衬砌防渗渠道，水位不宜骤涨骤落。

（2）冬季不行水渠道，在基土冻结前停水，并在停水后及时排除渠内和两侧排水沟内的积水；冬季行水渠道，在负温期间宜连续行水，并保持在冬季最低设计水位以上运行。

（3）每年进行一次衬砌体的裂缝修补，使砌块缝间填料保持原设计状态，衬砌体封顶保持完好，不允许有外水流入衬砌体背后；及时维修排水设施，保证排水通畅。

（4）严禁在渠道内坡植树，外坡植树时，应根据树木根系的发达程度，合理设置距离衬砌防渗层的安全距离。

（5）相关单位应坚持进行渠道工程的测验，大型渠道每隔 3～5 年测验渠道渗漏量一次；对高填方、特种土渠基、地下水位高的重要渠段等，应进行变形测验。

（6）管理单位应严格执行档案管理制度，对渠道工程的设计、施工、验收、测验和运行中的有关数据资料、文件及工程问题处理方法与经验总结等资料，应建立文字和电子档案，以便备查。

## 4.2  渠道冻害的修复技术

渠道工程建成后，要本着"经常养护，随时维修，养重于修，修重于抢"的原则，及时做好防范工作，防止工程病害的发生和发展。维修养护一般可分为经常性维修、岁修、大修和抢修。经常性维修是根据经常检查发现的问题而进行的日常保养维修和局部修补；岁修是根据汛后或年度灌溉用水结束后检查所发现的问题，编制计划并报批的年度维修；当工程损坏较严重或工程存在较严重的隐患，且维修工程量大、技术复杂时，需要专门立项报批进行大修；抢修时当工程发生影响安全运行的重大事故时，应立即进行的维修工作，如病情危急，则应采取紧急抢护措施，也称抢险。

### 4.2.1  渠基维修

对于渠基沉陷、滑坍、裂缝、孔洞等病害，一般有翻修和灌浆两种维修方法，有时也可采取上部翻修、下部灌浆的综合措施。

1）翻修

翻修就是将病害处挖开，重新进行回填的方法。该法处理病患比较彻底，但对于较深病患，由于开挖回填工作量大，且需在停水季节运行，应根据条件分析比较后，方可确定是否采用。翻修时应注意以下事项。

（1）开挖前向裂缝内洒入白灰水，以利掌握开挖边界。

（2）根据查明的病害情况确定开挖坑槽。开挖中如发现新情况，必须跟踪开挖，直到全部挖尽位置，但不得掏挖。

（3）开挖坑槽的底部宽度应根据土质、夯实工具及开挖深度等具体条件确定，一般不少于 0.5m，边坡应满足稳定及新旧填土接合的要求。

（4）较深挖槽也可开挖成阶梯形，以便出土与安全施工。

（5）挖出的土料不要大量堆积在坑边，且不同土质应分区存放。

（6）开挖后的坑口，应避免日晒、雨淋或冰冻，并清除积水、树根、苇根及其他杂质等。

（7）回填前，当开挖坑槽内有积水、树根、苇根及其他杂物时应彻底消除。回填的土料应根据渠基土料和裂缝性质选用。重要的大型渠道工程，对回填土料应进行物理力学性质试验。对沉陷裂缝应用塑性较大的土料，控制含水量大于最优含水量的 1%～2%；对滑坡、干缩和冰冻裂缝的回填土料，应控制含水量小于最优含水量的 1%～2%。对于挖出的土料，鉴定合格后才能使用。

（8）回填土应分层夯实，填土层厚度以 10～15cm 为宜，压实密度应比渠基土密度稍大。回填高度应略高于原堤顶，以预留沉陷。

（9）对新旧土接合处，应刨毛压实，必要时应做接合槽，以保证紧密接合，并要特别注意边角处的夯实质量。

2）灌浆

对于埋藏较深、翻修工程量过大的病患，可采用黏土浆或水泥黏土浆灌注处理。其处理方法有重力灌浆法和压力灌浆法两种。重力灌浆法不加压力，仅靠浆液自重灌入缝隙；压力灌浆法除浆液自重外，还通过机械压力，在较大压力作用下将浆液灌入缝隙。一般可结合钻探打孔进行灌浆，在预定压力下，至不吸浆为止。

3）翻修与灌浆相结合

对于中等深度的病患，以及不易全部采用翻修法处理的部位以及开挖有困难的部位，上部采用翻修法，下部采用灌浆法处理。维修时，首先沿裂缝开挖至一定深度，并进行回填，在回填时预埋灌浆管，然后用重力灌浆法或压力灌浆法进行灌浆处理。

对于傍山、塬边渠道，可采用灌浆法填堵较深的裂缝、孔隙和小洞穴，灌浆材料可用黏土浆或水泥黏土浆。对浅层窑洞、墓穴和大孔洞，可采用开挖回填法处理。

渠基处理好后，就可进行原防渗衬砌层的施工，并使新旧防渗衬砌层接合良好。

## 4.2.2 混凝土衬砌层的维修

### 4.2.2.1 现浇混凝土衬砌层的裂缝修补

现浇混凝土衬砌层的裂缝宜在晴天处理，按下列方法进行：

（1）当混凝土衬砌层产生裂缝后，如大致平整，无较大错位，且锋宽较小，可只用涂料粘贴玻璃纤维布处理。

（2）对缝宽较大的大型渠道，可按下列填塞与粘补相结合的方法处理：①清除缝内、缝壁及缝口两边的泥土、杂物，使其清洁、干燥；②将 PTN 石油沥青聚氨酯接缝材料填入缝内，填压密实，使表面平整光滑；③填好缝 1～2d 后，沿缝口两边各宽 5cm 涂刷过氯乙烯涂料一层，之后沿缝口两边各宽 3～4cm 粘贴玻璃纤维布一层，涂刷涂料一层，贴第二层玻璃纤维布，再涂一层涂料。涂料要涂刷均匀，玻璃纤维布要粘平贴紧，不能有气泡。

伸缩缝填料和裂缝处理材料的配合比、制作方法如下：

（1）PTN 石油沥青聚氨酯接缝材料。该材料分甲、乙双组分，制备时将甲组分和乙组分按质量比 1：4～1：2 倒入容器中进行配制，充分搅拌至均匀即可。冬季气温较低施工时，乙组分较稠，可加热，以便于倒出和混合，但要避免与明火接触。

（2）过氯乙烯胶液涂料。制作时，过氯乙烯与轻油的质量配合比为 1：5，并将过氯乙烯加入轻油中，溶化 24h 即可使用。

### 4.2.2.2　预制混凝土防渗层砌筑缝的修补

预制混凝土板的砌筑缝多为水泥砂浆缝，容易出现开裂、掉块等病害，如不及时修补，将逐渐加重病害，造成更大的渗漏损失。修补方法是：凿除缝内水泥砂浆块，将缝壁、缝口冲洗干净，用与混凝土板同强度等级的水泥砂浆填塞，捣实抹干后进行保湿养护，且保湿养护不得少于 14d。

### 4.2.2.3　混凝土衬砌板表层损坏的修理

混凝土衬砌板表层如出现剥蚀、空洞等损坏，在修补之前，应先凿除已损坏混凝土，并对修补修补面凿毛和清洗后再进行修补。凿除的方法有人工凿除、人工结合风镐凿除、机械切割凿除等，应根据损坏的部位和程度选用。在清除表层顺坏混凝土时，要保证不破坏表层以下或周围完好的混凝土。混凝土衬砌板表层的修补方法一般有以下几种。

1）水泥砂浆修补

首先，凿除已损坏的混凝土，并进行凿毛处理、喷湿；其次，用铁抹将拌和好的砂浆抹到修补部位，反复压光后，按普通混凝土施工要求进行养护。修补深度较大时，为增强砂浆强度和减少砂浆干缩，可掺入适量的砾料。砂浆的强度等级，一般不应低于原有标准。

2）预缩砂浆修补

预缩砂浆是经拌和好之后归堆放置 30～90min，再使用的干硬性砂浆。

　　修补时，先将修补部位的损坏混凝土清除，进行凿毛、冲洗干净后，再涂一层厚 1mm 的水泥浆（水灰比为 0.45～0.50）；然后填入预缩砂浆，并用木槌捣实，直到表面出现少量浆液为止；最后用铁抹反复压平抹光，并盖湿草袋、洒水养护。

　　预缩砂浆具有较高的强度，不仅可以保证强度和平整度，而且收缩性小，成本低廉，施工方便。配制预缩砂浆，水灰比为 0.3～0.4（一般为 0.32 或 0.34），应根据天气阴晴、气温高低、通风情况等因素适当调整。砂浆含水量多少以用手能将砂浆握成团状且手上有潮湿而又无水析出为准。由于加水量少，要保证水分均匀分布，防止阳光照射，避免出现干斑而降低砂浆质量。灰砂比为 1∶2.5～1∶2，并掺入水泥质量 1/10000 的加气剂，翻拌 3～4 次（此时砂浆仍为松散体，不是塑性状态），归堆放置 30～90min，使其预先收缩后再使用。

　　3）喷浆修补

　　喷浆修补是将水泥、砂和水的混合料，通过喷头喷射至修补部位，分为湿料法与干料法两种。湿料法是将水泥、砂、水按一定比例拌和后，利用高压空气喷射至修补部位；干料法是把水泥和砂的混合料，通过压缩空气的作用，在喷头中与水混合喷射。一般多采用干料法喷浆修补。

　　喷浆修补具有强度大、密实性好、耐久性高等优点。但因水泥用量多、层薄、不均匀等因素，喷浆层易产生裂缝，影响其使用寿命。

　　4）喷混凝土修补

　　喷混凝土修补是通过高压将混凝土拌和料以很高速度注入修补部位的方法。其特点是密度和强度高、抗渗能力较强、黏着力大，而且能把运输、浇筑、捣固等各环节有机结合在一起，节省模板，效率高。

　　喷射混凝土的工作原理、喷射方法、养护要求与喷浆基本相同。

　　5）压浆混凝土修补

　　压浆混凝土修补时将有一定级配的洁净骨料预先埋入模板中，并埋入灌浆管，然后通过灌浆管用泵把水泥砂浆压入粗骨料间的空隙中，经过胶结而成为密实的混凝土的方法。由于施工中粗骨料在前，水泥砂浆在后，所以又称为预埋粗骨料混凝土。

　　为满足施工要求，用压浆法浇筑混凝土的砂浆，应有一定的流动性和保水性。压浆混凝土的配合比，应根据试验所得压浆混凝土强度与砂浆强度的关系确定。为节省水泥，并使制成的砂浆具有良好的不分层性及和易性，可掺入一定数量的掺合料（掺合料以粉煤灰最多）。掺入粉煤灰不仅可延缓凝结时间，还可降低水化热，也有利于提高抗渗和抗蚀性能。

　　压浆混凝土具有收缩率小、拌和工作量小、可用于水下修补等优点。但对模板要求高，同时灌浆管较多，易产生质量事故。

6）环氧材料修补

环氧树脂俗称万能胶，是含有环氧基树脂的总称。固化后的环氧树脂具有强度高、黏结力大、收缩性小、抗冲耐磨、抗蚀、抗渗和化学稳定性好的特点，对金属和非金属有很强的黏合力。用于混凝土表层修补的有环氧基液、环氧石英膏、环氧砂浆和环氧混凝土等。

当修补面积较大且深度超过 2cm 时，环氧材料修补应与其他修补方法配合使用，即先使用其他材料填补，并预留 0.5～1.0cm 厚度，再涂抹环氧材料做保护层。环氧材料有毒、易燃且价格高，种类和配方也很多。因此，应结合当地条件，选用固结体无毒、符合环保要求的环氧材料。特别对居民生活用水渠道更要慎重选择修补材料。

#### 4.2.2.4　混凝土衬砌层的翻修

当混凝土衬砌层损坏严重时，如破碎、错位、滑塌等，应拆除损坏部位，处理好土基，重新浇筑。浇筑时要特别注意将新旧混凝土的结合面处理好。结合面凿毛冲洗后，需涂一层厚度 1cm 的水泥净浆，才能开始浇筑混凝土。浇筑好的混凝土，要注意保湿养护。

翻修中拆除的混凝土要尽量利用。如现浇板能用的部分，可以不拆除；预制板能用的，尽量重新利用；粉碎了的混凝土，能用的石子，也可作混凝土骨料用等。

### 4.2.3　膜料防渗渠道的维修

膜料防渗层在施工中发生损坏时应及时修补，此外，对在运行中膜料保护层的损坏，如保护层裂缝或滑坍等，可按相同材料防渗层的修补方法进行修补。对于土料保护层出现的裂缝、破碎、脱落、空洞等病害，应将病害部位凿除，清扫干净，用黏性土、灰土等材料分别回填夯实，然后修理平整。

### 4.2.4　渠道运行中的抢修

渠道在运行过程中，如出现局部决口、毁板等情况，应紧急停水或降低水位，迅速用草袋或土工织物袋装土堵塞，并辅以填土夯实等临时处理措施。如当时没有现成的草袋或土工织物袋，情况又十分紧急，可就近利用柴草、树木等进行堵塞，同时挖土填埋。之后，在行水过程中，对于上述险工段特别是决口处，应密切观察，发现问题及时处理，避免事故的再次发生。待行水结束后，将临时堵复的工程全部挖掉，然后按正规施工程序进行维修。

# 4.3　渠道衬砌的机械化施工技术

施工是工程建设中的一个重要环节，渠道工程的施工一般具有工程量大、施工线路长、场地分散等特点。目前，在大型渠道工程施工中采用最多的是混凝土衬砌渠道，其中，混凝土衬砌的施工是关键，良好的施工是保障渠道使用寿命的重要防护手段，本节主要介绍混凝土衬砌的机械化施工技术。

## 4.3.1　渠道衬砌施工技术现状

与机械化衬砌施工相比，人工衬砌存在施工速度低、工程质量差、运行维护费用高等缺点，而我国机械化衬砌施工技术和设备方面与国外存在一定差距。在以前，由于施工技术的限制，渠道施工大都采用预制混凝土块或砌石衬砌，而较少采用现浇混凝土进行防渗。但预制混凝土块或砌石衬砌存在较多的缺点，主要表现在如下几个方面：①混凝土预制块之间缝隙较多，整体性不好，且相互之间难以紧密结合，由于基础的不均匀沉降，易相互脱落，衬砌层存在渗漏现象；②混凝土预制块平整度难以控制，糙率大，降低了渠道在相同水位下的输送能力；③不能实现机械化施工，施工速度较慢，质量不均，难以控制；④混凝土预制块不能和垫层紧密结合，容易形成渗漏层面，抗冻、抗渗等指标不能满足要求。

国外机械化衬砌成型设备已有几十年的发展历史，其中以美国和欧洲公司的产品最具有代表性。主要有：美国高马克（Gomaco）公司、意大利玛森萨（Massenza）公司、美国 G&Z 公司、美国拉克·汉斯（RachoHasson）公司和德国维特根（Wirtgen）公司。机械化施工作业具有混凝土密实性好且均匀、表面质量好、施工速度快、工程寿命长、经济效益好等特点。

在渠坡修整技术方面分为三种，即精修坡面旋转滚刀体铣刨技术，螺旋旋转滚动铣刨技术，回转链斗式精修坡面技术，与此对应不同的渠道修整机。

在渠道垫层摊铺技术方面分为两种，一种是人工将垫层料摊铺到坡面上后，利用振动碾压成型机完成平料和密实成型；另一种是利用振捣滑模衬砌机摊铺垫层，采用卷扬设备牵引小型振动碾沿坡面上下移动完成密实成型。

机械化衬砌，从衬砌成型技术方面可分为两种，一种是自下而上组合式成型技术；另一种是纵向滑模成型衬砌技术，相应也产生了两种不同衬砌设备。而滑模成型衬砌设备又分半断面和全断面两种型式。混凝土养护方面都是采用喷洒养护液养护。

目前国内机械化衬砌设备在渠道衬砌工序上采用了机械化施工，设备也比较成熟。但是在垫层摊铺、渠床修整、衬砌表面整形与收光、衬砌分缝成型、结构缝注胶填充以及衬砌混凝土养护等方面缺少成熟的技术与设备。

布料方式不同，纵向滑模式衬砌机分为皮带机刮板移动分料车组合布料和螺旋式布料两种类型；振动成型方式不同，自下而上组合式衬砌机分为振动滚筒碾压成型、滑膜式成型、组合式成型三种类型。

由于市场的需求，很多公司也致力于渠道衬砌机的开发和创新，出现了一些别类的渠道衬砌机和衬砌表面整形机、垫层布料机。渠道修整机主要是横向铣刨车式，部分机型上增加了集料和输料皮带机。垫层摊铺主要利用滑模衬砌机、布料机或人工摊铺，然后采用其他的夯实机械人工密实成型，或者是利用振动碾压衬砌机完成表面成型。国内大型渠道混凝土的养护主要采取以下方式：①覆盖草帘、毡毯，洒水保湿；②养护膜，分土工膜或复合土工膜、节水保湿养护膜两种；③养护剂。

### 4.3.2 渠道衬砌的施工方法

#### 4.3.2.1 施工准备

施工前要首先编制好施工组织设计，施工组织设计是研究施工条件、选择施工方案、对工程施工全过程实施组织和管理的指导性文件。渠道工程一般地处偏僻，线路长，为了保证施工的顺利进行，应提前现场踏勘，了解施工现场的具体情况和条件，拟定切实可行的施工方法和施工进度。进行施工人员培训和工程材料及施工机械设备的准备。

施工现场准备工作主要有：①做好施工用水、电、道路的通畅以及堆料场、拌和场或预制场等施工场地的布置和平整工作。②对试验和施工的设备进行检测与试运转，如不符合要求，应予修理或更换。③根据工程所在地的具体情况做好永久性排水设施或必要的临时性排洪、排水设施，防止洪水流入并淹没基槽，影响工程进度及工程质量。此外，还有通信、施工临建等准备工作。渠道衬砌机械化施工的一般工艺流程如图4-5所示。

#### 4.3.2.2 渠床整理

基槽开挖、渠基清理分为粗削坡和精削坡，粗削坡一般采用挖掘机施工，保护层宜控制在10～15cm，可采用先抽槽、后扩挖的开挖方法。具体施工方法是沿渠道方向每隔约10m距离用挖掘机自上而下开挖一道约1m宽的槽子，抽槽过程

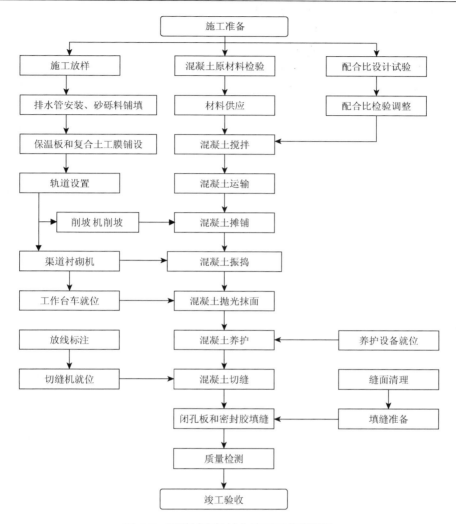

图 4-5　渠道衬砌机械化施工工艺流程图

用全站仪现场跟踪控制，避免超挖，然后相邻两个槽子之间的坡面可直接用挖掘机挖除。水泥改性土基面的抽槽间距应适当减小。渠坡粗削坡时，可采用在两道"槽子"中间沿渠坡方向设置 4~5 个垂直坡面的高程控制桩，便于控制粗削坡的精度。

　　精削坡分机械削坡和人工削坡两种方法。机械削坡要首先安装轨道，轨道一般由方钢和钢板焊接加工而成，每节轨道的长度 3~6m 不等。轨道加固完成后，采用吊车辅助安装削坡机，调试正常后，用测量仪器控制，将削坡机的机架调整到与设计坡比一致。利用测量仪器校核坡面高程，根据校核结果调整削坡进刀深度，确保削坡质量满足设计要求。削坡机削坡一般分为两种：松土式削坡机只将保护层土体松动，削坡机作业完成后，松动土体仍然留在原位，对基础面起到保护作用，最后采用挖掘机配合人工清除松土；出土式削坡机将保护层土体松动后，通过皮带机直接把松土运至渠底或渠顶，此种削坡方式应注意坡面保护。

人工精削坡以人工为主，挖掘机配合为辅。人工精削坡时进行精确放样，沿坡面每 5m 自上而下挂一条顺坡线（线比设计坡面高出 20cm 左右），每两根顺坡线之间挂一条可以自上而下移动的横线。人工精削坡根据测量放线位置从上到下进行，钢卷尺控制高度，随修随测。当堆土过多时用挖掘机配合清除转运至坡脚部位。人工削坡工具主要是平头铁锹和洋镐。削坡过程中用 2m 铝合金靠尺（或刮杠）随时检查平整度。人工精削坡时，可先在坡脚和坡肩上每 10m 各设一控制桩，用线绳挂线，削出一条宽 1m 左右的标准基面，并在基面的 1/4、1/2、3/4 处设一个垂直坡面的高程控制桩，依此基面人工自上而下平行削坡至设计坡面。渠底精削坡时，控制桩的布置与渠坡类似，不宜大于 10m。

渠底渠床整理主要包括粗开挖和精开挖。渠底排水沟开挖与渠底渠床整理同步进行。渠底粗开挖一般采用挖掘机配合推土机施工。为避免挖掘机施工破坏渠坡预留的复合土工膜，坡脚位置的土体采用人工清理，人工清理范围约为 1m。开挖完成后，应及时对预留复合土工膜进行保护。其余部位采用挖掘机配合推土机进行粗开挖，预留 10~15cm 保护层。粗开挖完成一段距离后，人工配合挖掘机进行精开挖。一般首先开挖渠底两侧，其次进行排水沟开挖，再次人工配合挖掘机实施渠底中部精开挖施工（排水沟开挖同步进行），最后采用挖掘机装车清运。精开挖完成后，清除表面浮土（砂质基面除外）。

### 4.3.2.3　永久排水系统的施工

根据渠基排水设施的设计，施工前应准备好各种管材，需要管壁打孔的应按设计打好孔，埋好逆止阀等器材，制备好反滤层和填充排水沟用的砂、砾石、卵石等。永久排水系统主要包括：排水沟槽的开挖，透水管（排水板）的铺设，三通接头、四通接头的安装，粗砂填筑、振捣，逆止阀的安装等。原状土和换填土基面排水沟槽的开挖一般采用人工开挖。建基面开挖到位后，首先测量放线，可采用挂线或者洒白灰等措施标识，确定沟槽的位置，然后实施人工开挖。开挖土一般随渠道削坡土一同运出。

水泥改性土基面排水板沟槽开挖分人工开挖和刻槽机开挖两种。人工开挖宜先采用墨斗弹线定位，后采用手持切割机进行沟槽切边，最后采用人工开挖已切部分中的土料和边挖边清土的方法将排水板槽开挖及清理完成。刻槽机刻槽时首先安装轨道，轨道加固完成后，采用吊车辅助安装刻槽机，调试正常后，用测量仪器控制，将刻槽机的机架调整到与设计坡比一致，然后测量定位排水板沟槽位置，根据校核结果调整刻槽进刀深度，在刻槽完成以后及时校核刻槽的位置和深度。

软式透水管安装前，按照排水沟的间距准备长度合适的透水管。沟槽开挖完成后，先在沟槽底部铺设符合设计要求厚度的粗砂并压实，再进行透水管的铺设，透水管宜按间隔 2m 采用粗砂包裹固定。三通接头、四通接头的安装，首先将软式透水管的端部扣入三通接头、四通接头内，插入深度应使软式透水管达到三通接头、四通接头连接段底部。外部采用一层土工布包裹，并采用 22#（直径约为0.7mm）铅丝固定牢靠。

粗砂的振捣建议采用注水振捣法，主要采用振捣棒、平板振动器振捣密实。首先采用装载机或者小型运输车辆将粗砂运至渠顶，倾倒至坡面上（为避免扰动渠底基面，可采用进占法首先用砂砾料铺设一条运输道路），然后采用人工将粗砂均匀填入沟槽内，最后采用振捣棒、平板振动器振捣密实。注水振捣时边注清水边振捣，注水量以振捣后表面无明水为宜。振捣棒的插入深度以振捣棒端部距离管沟底部约 5cm 为宜，避免振捣棒触到土质基面。振捣完成后，将沟槽表面补砂并采用平板振动器压实整平。

排水板的安装，从坡顶向渠底铺设，人字形排水板之间的角度紧密衔接，同时要确保人字形排水板与直线型排水板之间搭接部位的连通效果，包裹土工布之间采用织物进行编织连接成一体。排水板铺设要整齐平整、紧贴基面、固定牢固，不得出现局部悬空现象，对于局部不平整的部位可采用粗砂找平。铺设完成后应检查铺设效果，保持板面完整，洁净。

渠坡逆止阀为拍门式逆止阀，渠底逆止阀为球形逆止阀。拍门式逆止阀安装时应严格按照图纸和产品说明书的方向安装。逆止阀的安装分为在混凝土浇筑前安装和在混凝土浇筑过程中安装两种形式。逆止阀安装时，要确保逆止阀与复合土工膜连接牢靠、黏接良好，否则，此位置极易成为渗水点。逆止阀与土工膜的连接一般采用 KS 胶黏接。为了保证逆止阀与土工膜的黏接面宽度，可预先裁一块大于开口尺寸 15cm 以上的环形土工膜与逆止阀的托盘进行黏接，然后与原土工膜粘接。渠底逆止阀安装宜高出混凝土面，并符合设计要求。

## 4.3.2.4　砂砾石反滤系统

砂砾石垫层铺设振捣分为人工铺设压实和机械铺设压实。各种施工参数，比如虚铺厚度、振捣设备功率、振捣遍数等需经过工艺试验确定。人工铺设砂砾料摊铺前先画线分格，在作业面铺设方钢控制厚度及高程，方钢间距约为 4m；机械配合人工摊铺并粗略整平，再使用刮杠沿着方钢将垫层刮平，用振动板振捣密实；最后使用刮尺对砂砾料（粗砂）平整度进行修整，直至满足设计要求。

　　机械铺设压实时，应先铺设轨道，对轨道和机械进行校核；然后装载机运输砂砾料至坡面，刮砂振砂机摊铺整平振捣密实；最后使用刮尺对砂砾料平整度进行修整，直至满足设计要求。机械压实采用进退错距法，严格控制压痕的搭接宽度，若采用振动梁，压痕的搭接宽度宜大于等于 50cm，若采用平板振动器，压痕的搭接宽度宜大于振动器宽度的 1/3。

　　渠道坡脚、渠道与建筑物交叉等部位垫层填筑，采用人工连环套打夯填方法。夯压夯 1/3 夯径，行压行 1/3 夯径，使平面上夯迹双向套压。分段、分片夯压时，夯迹搭接的宽度应不小于 10cm。

## 4.3.2.5　保温板

　　先设置控制线，后进行保温板铺设。控制线可利用渠坡削坡（渠底清理）在坡肩、坡脚以及坡面（渠底）上设置的高程控制桩挂设，并作为渠坡（渠底）复测和保温板铺设高程的控制基线。保温板铺设应按自下而上顺序，沿渠道轴线方向有序错缝铺设。施工中，严禁直接踩踏铺设完毕的保温板。每块保温板铺设完毕后，要及时固定。保温板固定可选用长度适宜的 U 形钢钉，将固定材料通过保温板面钉入到基面内，保证保温板紧贴基面，无架空、不下滑。固定保温板时，固定材料顶部应略低于保温板面 2mm 左右，梅花状布置，每块保温板的固定点应不少于 3 个。

　　保温板的主控项目是保温板铺设（施工质量）和保温板的厚度（原材料质量）。保温板铺设要求铺设整齐、平整、紧贴基面，不得出现局部悬空现象，不得在板上人为踩踏、放置重物。保温板厚度的允许偏差为 ±1mm。保温板的质量控制要点是保温板铺设、保温板固定。

　　保温板铺设过程中会出现缝隙较大，局部悬空、空鼓等现象，为了避免出现此类现象施工中应注意以下几点：①为使渠坡和封顶板的保温板紧贴，裁剪时，根据设计尺寸，将坡肩处保温板与坡面保温板的接触面切成适宜角度。②保温板铺设过程中，遇到保温板尺寸不合适或折断损坏造成边缘不整齐的，可用密齿锯或壁纸刀结合钢板尺裁剪边缘，使保温板符合使用要求。③为了保证保温板紧贴基面、不出现局部悬空现象，局部可采用粗砂找平。④渠坡与齿槽衔接处的砂砾石垫层容易出现滑落现象，施工中应先将砂砾石垫层处理合格，再进行保温板的铺设。⑤弧线段保温板铺设时，若出现板缝较大现象，可采用裁剪尺寸合适的保温板填充密实。⑥弧线段渠坡保温板宜选择规格尺寸较小的保温板，固定点数宜适当增加。⑦保温板铺设过程中，应将破损严重的保温板及时更换，破损较轻的保温板（如掉角等）经过裁剪达到使用要求后方能用于工程。

保温板一般采用 U 形钢钉固定。根据基面的不同选择不同的长度和不同刚度的钢钉。砂砾料垫层厚度小于 10cm 的，一般以钉入土质基面 5cm 左右为宜；砂砾料垫层厚度大于 10cm、小于 20cm 的，U 形钉的长度一般为 15~20cm。边坡保温板铺设施工，临近齿槽的最下一排 U 形钉的固定数量宜适量增加。

### 4.3.2.6　复合土工膜

复合土工膜施工主要包括：复合土工膜的铺设、焊接（粘接）。渠坡土工膜铺设时，铺设时由复合土工膜坡肩自上而下滚铺至坡脚，坡肩预留约 80cm（宜根据不同的设计方案及固定方法确定）复合土工膜，渠底结合部预留搭接长度不小于 70cm。铺设过程中可用编织袋装土覆压（或其他方法）固定，随铺随压，以防止复合土工膜滑移。连接顺序：缝合底层土工布、热熔焊接中层土工膜、缝合上层土工布。每班焊接施工前必须进行工艺试验，确定施工参数。

渠坡土工膜的固定：首先开挖坡顶固定土工膜的沟槽；其次拉展复合土工膜，并使用土埋法固定；然后将齿槽内复合土工膜铺设好并用隔板固定；最后支护模板。齿槽部位的复合土工膜应松弛适度，且与齿槽贴紧，铺设完成后及时采用临时支撑固定，2m 左右一个。土埋法宜配合路缘石的沟槽实施，首先测量放线确定沟槽的位置，然后采用小型挖掘机、开槽机或者人工进行沟槽开挖，复合土工膜焊接完成后，将复合土工膜放入沟槽内，回填土并压实。复合土工膜的固定亦可采用钢管配合钢钎法，但是施工时，应注意预留足够的长度。

渠底复合土工膜施工主要包括：复合土工膜的铺设、焊接，渠底复合土工膜与渠坡预留复合土工膜的粘接施工中一般先进行复合土工膜的焊接施工，完成后实施渠底复合土工膜与渠坡预留复合土工膜的粘接施工。复合土工膜铺设过程中应提前错缝布置。复合土工膜的焊接与渠坡类似。坡脚部位复合土工膜的粘接要首先对渠底预留复合土工进行清理、整平。然后在下层土工膜粘接面上均匀涂满胶液，涂胶做到不过厚、无漏涂，然后将上层土工膜与粘接面对齐、挤压，使粘接面充分结合。一次涂胶长度不宜过长，否则容易影响粘接质量。

### 4.3.2.7　衬砌混凝土

#### 1）渠坡机械衬砌

渠道混凝土衬砌主要包括机械衬砌（渠坡机械衬砌、渠底机械衬砌）、人工衬砌（渠坡人工衬砌、渠底人工衬砌）以及桥梁墩柱与衬砌面板结合处复合土工膜施工。渠坡机械衬砌生产厂家主要包括：河北省水利工程局、山东水利工

程总公司、山东蒙阴县市政建安处、北京华阳建设开发有限公司、北京中成兴
达科技有限公司、中国水利水电第十一工程局、山东兴水水利科技产业有限公
司、中鹏润（北京）机械工程技术有限公司、河南力拓重工科技有限公司。国
内主要渠道衬砌机工作性能及对砼拌和物的要求见表4-9。

表 4-9 国内主要渠道衬砌机工作性能及对砼拌和物的要求

| 编号 | 生产厂家 | 布料方式 | 振捣方式 | 布料速度 | 拌和物最佳坍落度/cm |
|---|---|---|---|---|---|
| 1 | 北京华阳建设开发有限公司 | 经分料螺旋与计量板的初平使混凝土达到均匀、平整的布料（竖向布料，自下而上） | 插入式高频振捣棒结合高频振捣梁振捣 | 1.5～2m/min | 7～8 |
| 2 | 河北水利工程局 | 螺旋布料机构水平输送混凝土，滑模振捣、整平、成型（竖向布料，自下而上） | 插入式高频振捣棒振捣 | 1m/min | 5～6 |
| 3 | 山东蒙阴县市政建安处 | 输送带将混凝土送至箱体内，由输料器及后挡板均匀地分布到坡面（横向布料） | 插入式板式振动器振捣 | 0.13m/min | 6～7 |
| 4 | 山东水利工程总公司 | 输送带将混凝土送至箱体内，由输料器及后挡板均匀地分布到坡面（横向布料） | 插入式板式振动器振捣 | 0.13m/min | 6～7 |
| 5 | 北京中成兴达科技有限公司 | 传送带布料机布料 | 振动尺一次振捣，平板振动器二次振捣 | 4～6m/h | 6～8 |
| 6 | 中鹏润（北京）机械工程技术有限公司 | 传送带布料机布料 | 振动尺一次振捣，平板振动器二次振捣 | 4～6m/h | 6～8 |
| 7 | 中国水利水电第十一工程局 | 传送带布料机布料 | 振动尺一次振捣，平板振动器二次振捣 | 4～6m/h | 5～6 |
| 8 | 山东兴水水利科技产业有限公司 | 输送带将混凝土送至箱体内，由输料器及后挡板均匀地分布到坡面（横向布料） | 插入式板式振动器振捣 | 0.13m/min | 6～7 |

实验室应检测砂石骨料的含水率等，对设计配合比进行调整后再开具施工配
合比。混凝土拌和前，先将拌和设备用水浸润并清除干净，然后进行混凝土试拌。
试拌时，试验人员、监理人员均需在场。根据试拌结果适当调整施工配料单并重
新签字确认。试拌合格后，方能用于施工。混凝土材料称量的允许误差应符合规
范要求。外加剂宜进行稀释后使用。每班开始拌和前，应检查拌和机叶片的磨损
情况，宜对称量系统进行零点校核。

混凝土运输应采用混凝土罐车，罐车的容量不宜小于 6m³。每个衬砌作业面混凝土罐车配置数量，根据浇筑需求、拌和站的拌和能力、衬砌施工进度、运量、运距及路况等确定。混凝土罐车装料前，应先对罐车内进行湿润，并将水全部清除后，方能用于施工。

混凝土浇筑前，应首先对衬砌机、抹面机等进行校核并进行调试，确定其机架坡比是否满足设计要求，校核无误后，方能开始衬砌作业。衬砌机调试应在衬砌机生产厂家技术人员或经验丰富的机械维修人员的指导下严格进行。调试应遵循"先分动，后联动；先空载，后负荷；先慢速，后快速"的原则。调试内容主要包括：电控柜的接线是否正确，有无松动；接地线是否接地正常；连接件是否紧固，各润滑处是否按要求注油；调整上下行走装置的伺服系统或频率使其同向、同步；振捣系统能否正常工作。

混凝土布料应安排专人负责指挥。混凝土的卸料高度不应大于 1.5m。混凝土布料应先布齿槽，齿槽布料的范围宜超前 2m 或者一幅衬砌机布料宽度以上。采用螺旋布料器布料，混凝土经输送带运至布料机接料口，进入集料箱，开动螺旋输料器均匀布置。开动振动器和纵向行走开关，边输料边振动边行走。布料较多时，开动反转功能，将混凝土料收回。布料宽度达到 2～3m 时，开动成型机，启动工作部分开始二次振捣、提浆、整平。施工时料位的正常高度应在螺旋布料器叶片最高点以下，不应缺料。

采用皮带输送机布料，衬砌机的侧面设有分仓料斗，自行式滑动刮刀分料。施工中应设专人监视各分仓料斗内混凝土数量，及时补充，保持各料仓的料量均匀，防止缺料。衬砌机的行走速度、留振时间，布料速度等应严格按照工艺试验确定的施工参数进行，做到不漏振、不欠振，达到混凝土深层振捣和表面提浆的效果，利于混凝土抹面和整平。衬砌施工中应专人检查振捣棒的工作状况，若发现衬砌后的板面上出现露石、蜂窝、麻面或横向拉沟等现象，须停机检查、修理或更换振捣棒，并对已浇筑混凝土进行处理。初凝前的混凝土进行补振，初凝后的混凝土进行清除，并采取填补混凝土，重新振捣。

衬砌过程中，应安排专人对布料的厚度进行检查，发现异常及时调整机械。混凝土布料振捣过程应适时检查，对混凝土表面厚清薄补，并及时补振。混凝土浇筑应连续，当衬砌机出现故障时，应立即通知拌和站停止生产，在故障排除时间内浇筑面上的混凝土尚未初凝，可继续衬砌。停机时间超过 2h，应将衬砌机驶离工作面，及时清理仓内混凝土。故障出现后浇筑的混凝土需进行严格的质量检查，并清除分缝位置以外的浇筑物，为恢复衬砌作业做好准备。坡肩、坡脚范围内 0.5～1m 部位、模板部位、每幅混凝土交叉部位应采用平板振动器或振动棒辅助振捣。

混凝土布料振捣完成后，适时进行混凝土的抹面提浆作业。混凝土的磨盘自下向上进行抹面作业。磨盘的压痕约为磨盘直径的 1/3。机械抹面次数一般控制在 2 遍以内。施工中应选用工作台车作为人工抹面平台。工作台车采用桁架焊接而成，可调节高度和坡比。施工中，抹面台车应优先选用具有自行走功能的桁架。严禁操作人员在混凝土表面行走和抹面。抹面压光应由专人负责，并配备 2m 靠尺检测平整度，混凝土表面平整度应控制在 8mm/2m。人工收面压光应在混凝土初凝前完成，但不宜过早。人工收面压光采用钢抹子，人工收面遍数控制在 2 遍以内，第 1 遍对混凝土进行初步找平，第 2 遍对混凝土进行压光处理。初凝前及时进行压光处理，清除表面气泡，使混凝土表面平整、光滑、无抹痕。衬砌抹面施工严禁洒水、撒水泥、涂抹砂浆。

2）渠底机械衬砌

渠底机械衬砌与渠坡机械衬砌类似，不同点主要是混凝土的入仓方式。渠底衬砌混凝土一般先经溜槽，然后由皮带运输布料。

3）渠坡人工衬砌

渠道与桥梁、渡槽等建筑物结合和边坡的下渠台阶等部位采用人工衬砌施工。人工衬砌一般按照设计伸缩缝的位置分仓。人工衬砌施工主要包括以下几道工序：模板支立、溜槽架设、铺料振捣、收面压光。模板采用槽钢、钢筋、钢管焊接而成。模板的固定主要采用沙袋压实固定。坡脚、坡肩部位模板的角度应与渠坡坡比一致。齿槽部位的模板采用与齿槽形状匹配的木板，用沙袋堆放固定。

混凝土入仓一般采用溜槽。溜槽采用铁皮加工而成，溜槽的上开口尺寸宜为底宽的 1.5 倍。开口尺寸过小的话，混凝土在溜槽内的流动将受到较大影响。坡肩位置的溜槽采用钢管架支高，尽量减小混凝土的落差，防止骨料分离。主要使用铁锹铺料。混凝土采用振动梁振捣。振动梁根据每仓的宽度加工。振动梁的长度一般大于仓位宽度 40～50cm。振动梁采用方钢、钢板与平板振捣器焊接一体组成。抹面采用刮杠粗找平，抹面机抹面，人工收面。人工操作抹面机沿坡面移动抹面。采用钢抹子压光。振动梁和抹面机的行走由卷扬机等提供动力，固定务必牢靠。

4）渠底人工衬砌

渠底人工衬砌一般采用跳仓浇筑。模板支立、溜槽搭设与渠坡类似。首先混凝土经溜槽输送至渠底，使用手推车运到仓面，人工摊铺整平；然后专职振捣人员振捣；最后使用刮尺找平、钢抹子收面压光。渠底衬砌振捣一般采用振动梁或振动棒。

5）桥梁墩柱与衬砌面板结合处复合土工膜施工

此项施工主要包括：墩柱开挖、土工膜与墩柱的黏接、土方回填。墩柱开挖一般采用挖机配合人工进行开挖，施工时应注意以下几点：①坡比应按设计要求进行开挖，不应形成垂直坡。②为保证回填质量及利于施工，基坑的四周宜削成缓弧状。③开挖时，基坑死角、坑洞、松动部位、棱角需进行局部处理。④基坑四周虚土清除干净，否则易形成薄弱层。

土工膜与墩柱的黏接施工流程如下：①人工清平基坑底面。清扫干净，严禁遗留石子、混凝土块等杂物。②清洗打磨柱子。因柱子回填时都刷有泥浆，清除不易，可采用抛光机，铁刷等工具，打磨冲洗干净，保证柱子与土工膜黏接位置干燥洁净。③黏接施工。在土工膜上预留出与柱黏接的位置，此可避免黏接部位褶皱太多。预留土工膜时，应与几何尺寸相结合，墩柱向渠中心线方向土工膜的预留长度应留满足与渠底土工膜黏接施工相应的长度；宜先整平桩柱黏接部位，待黏接后整平土工膜多余褶皱。墩柱、衬砌面板交接部位复合土工膜裁剪如图 4-6 所示。

土工膜与墩柱黏接时柱子表面应清洁干燥，涂刷胶要均匀，土工膜刷胶也应均匀；两者同步进行以减少时间，避免温度降低粘接不牢。

土方回填：基坑内土工膜应保持松弛，回填时要随时检查。因场地小，只适合小型机具，回填前应做好相应的工艺试验，选定参数，并保证料源稳定。新老结合面应保证夯填密实。回填时注意对土工膜的保护，每层夯实后，查看复合土工膜是否破损、紧绷。

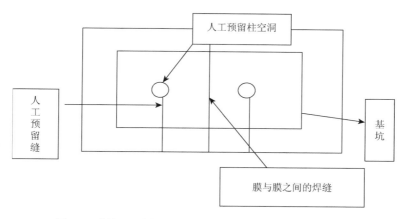

图 4-6　墩柱、衬砌面板交接部位复合土工膜裁剪示意图

## 4.3.2.8　伸缩缝

伸缩缝主要包括切缝和灌缝，下面分别介绍它们的施工要点。

1）切缝

通缝可采取预留方法。按设计通缝位置支立模板，浇筑模板内混凝土，混凝

土达到一定强度后,拆除模板。在混凝土立面上粘贴聚乙烯闭孔泡沫板和顶部 2cm
的预留物(聚乙烯闭孔泡沫板、泡沫保温板等材料),再浇筑聚乙烯闭孔泡沫塑料
板另一侧的混凝土,待伸缩缝两侧的衬砌混凝土达到一定强度后,取掉上部 2cm
的预留物,填充聚硫密封胶。

半缝及通缝一般采取混凝土切割机切割。切缝前应按设计分缝位置,用墨斗
在衬砌混凝土表面弹出切缝线。混凝土切割机宜采用桁架支撑导向,以保证切缝
顺直,位置准确。无法使用桁架支撑导向部位(如坡肩、齿槽、桥梁、排水井等
部位)采用人工导向切割。宜先切割通缝,后切割半缝。

(1)桁架支撑混凝土切割机的切割方式。桁架与衬砌机共用轨道,设置自行
走系统。纵缝切割:根据纵缝数量配备混凝土切割机,调整桁架的升降系统控
制切割深度,通过桁架自行走控制桁架沿纵缝方向的行走速度,切割纵缝。横
缝切割:调整桁架的升降系统控制切割深度,通过牵引系统控制混凝土切割机
沿横缝方向的行走速度(在支撑桁架内设置混凝土切割机的行走系统),切割
横缝。

(2)人工切割。切割时通过手柄连杆机构,转动手轮使前轮升降,进行切割
深度的调节。坡面横缝一般由坡脚向坡肩切割。坡肩上固定一手动辘轳,将辘轳
上的钢丝绳与切割机相连。切割时,一人操作切割机,控制切割深度和直线度。
另一人控制切割速度,匀速摇动坡肩上的辘轳,牵引切割机以适宜的速度向坡肩
移动。

坡面纵缝一般采用简易支撑架支撑切割机进行切割。由坡脚开始向坡肩依次
切割。简易支撑架由已经切割完成的分缝内插入的固定钢钎,钢钎上横放的 8cm
的槽钢或方管 1,1 上纵放的 8cm 槽钢或方管 2 和 2 上横放的 10cm 方管组成。根
据待切缝处的位置设立支撑 1 的长度。操作人员推动切割机在 10cm 方管上行走
完成切割工作,如图 4-7 所示。图中,钢钎一般为直径 8mm 的圆钢,间距为 50cm
左右;横向支撑为 8cm 槽钢或方管 1,长度一般为 2m 左右;纵向支撑为 8cm 槽
钢或方管 2,间距一般为 1m 左右;横向支撑切割机的 10cm 方管长度一般为 2m
左右。

渠底割缝,一般为一人牵引切割机,一人控制切割机方向,根据切割线完成
切割工作。切缝施工宜在衬砌混凝土抗压强度 1～5MPa,且施工人员及切割机在
切缝作业时不造成混凝土表面损坏时切割。可在渠道浇筑过程中,做一组或二组
同条件养护的试块,根据试块的抗压强度,确定切缝的最佳时机。

2)灌缝

灌缝施工前,对每一道伸缩缝进行认真检查,若发现切破复合土工膜的现象,
应及时标出,并认真处理。填充前缝面应洁净干燥,黏接面必须干燥、清洁、无
油污和粉尘。清缝一般采用吹风机或者风枪等,切记不可采用水枪(用水清理的

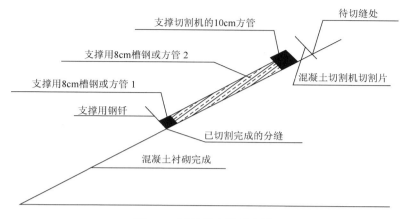

图 4-7　切割机支撑示意图

器具）。首先将伸缩缝内的杂物清理干净，其次采用钢毛刷清理缝面，再次采用吹风机或风枪将缝内的浮尘吹干净。

　　清缝完成后，人工将闭孔泡沫板压入缝内，并重新对灌胶范围内的缝面进行清理。聚硫密封胶由 A、B 两组份组成，施工时按厂家说明书进行配制与操作。拌和过程中应拌和均匀。施工中，一般采用人工拌和或者机械拌和。人工拌和采用自行加工的小型耙子，机械拌和是由改造的电钻实施。建议采用机械拌和，能够更好地保证拌和的均匀性。电钻钻杆焊接钢片或者钢筋即完成电钻的改造。

　　在清理完成的伸缩缝两侧粘贴胶带。胶带宽一般为 3～5cm，胶带距伸缩缝边缘约 0.5cm。用毛刷在伸缩缝两侧均匀地刷涂一层底涂料，20～30min 后用刮刀向涂胶面上涂 3～5mm 密封胶，并反复挤压，使密封胶与被粘接界面更好地浸润。用注胶枪向伸缩缝中注胶，注胶过程中使胶料全部压入并压实，保证涂胶深度。填缝的材料一般为闭孔泡沫板。闭孔泡沫板的厚度应与现场的缝深匹配，施工中，应首先保证灌缝的深度（聚硫密封胶厚度）。

　　3）切破土工膜的处理

　　施工中应尽量避免切破复合土工膜，但发生切破复合土工膜的现象仍然无法避免。注胶前清缝施工完成后，监理人、承包人应进行联合检查，对切破复合土工膜的位置进行标记并书面登记。切破复合土工膜的处理方法为：首先将破损土工膜部位的混凝土进行人工凿除，检查土工膜的破损的长度和宽度（宽度一般为缝宽）；其次在破损长度、宽度明确的基础上确定混凝土的拆除范围，拆除的范围为破损范围向外扩展 20～25cm（粘接的搭接宽度为 10～20cm）；然后对破损部位采用 KS 胶黏接处理，处理方法参照复合土工膜黏接的相关内容；最后按照浇筑二期混凝土的方法处理，并在新浇筑的混凝土达到切缝强度时在原切缝位置切缝。

### 4.3.3　渠道衬砌机械化施工的主要设备

近年来，应用衬砌机械现场浇筑混凝土发展很快，小型 U 形渠道衬砌机已经广泛应用，大、中型渠道衬砌施工也研制开发了多种衬砌机械。

#### 4.3.3.1　小型 U 形渠道衬砌机

为了减少渠道渗漏、提高效益。目前国内各大灌区都积极采用砼防渗措施，在中小型渠道工程以及 U 形混凝土衬砌渠道具有防渗性强、结构整体性好的优点，还有施工速度快、占地少，省工、省料等优势。随着国家节水政策和大型灌区节水改造工程的实施，U 形渠道衬砌机如雨后春笋般出现，目前全国至少有几十家渠道衬砌机生产厂家，渠道衬砌机也有多种形式，如卷扬机牵引衬砌机、柴油机动力衬砌机、轨道式液压自行衬砌机、CU4 型气动切缝机衬砌机、QJ 型小型拖拉机动力衬砌机等。它们的结构基础基本相同，现以卷扬机牵引衬砌机为例简介如下。

卷扬机牵引衬砌机为全断面连续浇筑机械。目前产品有 $D30$、$D40$、$D60$、$D80$、$D100$、$D120$、$D140$、$D160$、$D180$、$D200$（$D$ 为下部圆弧直径）等十余种规格，该系列设备的主要组成见图 4-8，该衬砌机结构简单，操作方便，浇筑、振捣、稳定、收面一次完成，达到混凝土振捣压实，表面出浆不离析，离模后无塌落。U 形渠道混凝土衬砌机由 5 部分组成。表 4-10 为其主要的技术性能参数。

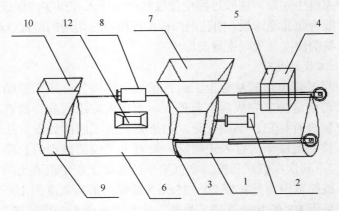

1. 导向模；2. 液压油缸；3. 挤压推刀；4. 液压泵站；5. 自控控制配电箱；6. 渠道滑模；7. 骨料料斗；
8. 动力机构；9. 光面模；10. 水泥浆料斗；11. 调节板

图 4-8　常见 U 形渠道混凝土衬砌机组成示意图

表 4-10　常用 U 形渠道衬砌机的主要技术性能

| 项目 | | 单位 | U 形衬砌机型号 | | | | |
|---|---|---|---|---|---|---|---|
| | | | D40 | D60 | D80 | D100 | D120 |
| 牵引动力 | | | DJ-2 型 3t 慢速卷扬机，线速度 0.4～1.4m/min | | | | |
| 外形尺寸（长×宽×高） | 电动 | mm×mm×mm | 1890×590×940 | 2150×804×1100 | 2930×1190×1320 | 2500×1600×1300 | 2600×1700×1300 |
| | 柴动 | | 2400×700×750 | 2400×868×860 | 2500×1164×1070 | | |
| 总质量 | 电动 | kg | 217 | 464 | 836 | 850 | 980 |
| | 柴动 | | 300 | 370 | 450 | | |
| 振动力 | | kg | | 600 | 860～1000 | 1200 | 1200 |
| 配套功率 | 电动 | kW | 1.1 | 1.5 | 2×1.1 | 2×1.5 | 2×1.5 |
| | 柴动 | 马力 | 6（1 马力=735.5W） | | | | |
| 过水断面（圆弧半径×渠深） | | cm×cm | 20×（30～50） | 30×（45～65） | 40×（55～75） | 50×（65～85） | 60×（75～95） |
| 衬砌厚度 | | cm | 4 | 5 | 6 | 6 | 7 |
| 工作速度 | | m/min | 0.5～1.0 | | | | |
| 设计台班衬砌长度 | | m | 400 | | | | |
| 最大衬砌混凝土 | | m³/台班 | 23 | 35 | 50 | 57 | 76 |

（1）导向部分。是指位于最前部的导向滑板，其断面外形尺寸较渠槽基土断面稍小，借以控制成型的方向和内模的位置。

（2）振动部分。是指振动梁，其断面与成型后的混凝土 U 形渠断面相同，内装振动器，使混凝土振捣密实。为了减少振动的传播，振动梁用成对弹簧吊挂在槽钢梁架上。

（3）进料部分。是包括进料漏斗和分料隔板，将混凝土送至周边部位，漏斗后两侧设有可调整浇筑高度的插板。进料漏斗使进料方便，U 形全断面充料饱满，料腔内的分料隔板使下料通畅，铺料均匀。

（4）收面部分。是设有前后两拖板，其断面形状与浇筑的 U 形渠断面相同，其作用是维护已成型的混凝土 U 形渠道形状，并抹平表面，使之平整光滑。另外，两侧有收顶面板，可调节高度，它可将渠顶混凝土面压实整平。拖板与振动部分采用软连接的方式，达到减震的目的。

（5）连接部分。是指将以上四部分连为整体的槽钢梁架，并承受振动等外力。

采用该衬砌机进行 U 形混凝土渠道施工时，用慢速卷扬机牵引，匀速前进，同时将拌和好的混凝土连续倒入进料漏斗，由料腔分料板均匀分配到振动模振捣，振动模靠振动器偏心力激振，使混凝土密实，经拖板收面成型。衬砌好的混凝土 U 形渠道，要及时养护，否则会造成早期干缩，降低强度，影响质量。施工中应根据供料快慢调节前进速度，料斗供料不得小于最低位置，否则造成伤口不齐，断面不完整。停止作业时，衬砌机料腔内不能存余料，以防凝固。暂时不用时，要把钢模洗刷干净，涂上废机油，防止生锈。

下面再介绍一种在工程中也应用很广泛的 CU-200 型 U 形渠道混凝土衬砌机（图 4-9），该衬砌机在陕西洛惠灌区等进行了大量使用。该衬砌机长 3.5m，由土渠修整模、料斗、振动模、成型拖模牵引组件组成。机头为土基修整模，对已挖好的土渠起修整填缺的作用，也是主机的导向模。料斗与修整模焊接成一体，料斗两侧有调节板，可以调节侧壁顶部混凝土的供料量，料斗下设有两块分料板，以控制底弧和侧壁部分供料量的比例，保证衬砌机断面的厚薄和密实度的均匀性。振动模为箱式焊接钢结构，长 1m，振动模上装有 S110 型柴油机，通过三角皮带传动多级偏心块式激振器以 2800～3000r/min 的转速旋转，使振动模产生强烈的简谐振动，使混凝土在振动模滑移的过程中成型密实。振动模的两端用橡胶管和弹簧与相邻部件连接，以减少振动力向相邻部件传递，提高振动效率。紧靠振动模之后的成型托模长 1.5m，是整体焊接的钢结构，上部安装变速卷扬机和 S110 型柴油机，通过三角皮带传动，带动变速卷扬机工作。振动模和成型拖模的外廓前窄后宽，有一个很小的斜度，使其在滑移的过程中起支撑和挤压侧壁的作用，以获得光滑密实的衬砌表面。滑模的移动速度为 0.5～1.2m/min。要求变速卷扬机的转速约为 2r/min，柴油机的额定转速为 2000r/min。中间设置减速箱，减速箱为二级蜗轮传动，输入轴通过三角皮带传动与柴油机连接，输出轴通过链传动与卷扬机相连。减速箱的输入轴一端设有离合器，当施工出现不正常情况时，可及时拉开离合器停机处理。牵引用 $\Phi$10 钢丝绳，由卷扬机滚筒绕过下部导向滑轮，穿过振动模及料斗下部的导管从机头前引出，绕过锚固在远处土中的定向滑轮，返回衬砌机前的牵引点，然后分叉成双绳，分别固定在修正模内两壁的牵引环上，以保持主机沿着渠道轴线方向平稳运行。

## 4.3.3.2　大、中型渠道衬砌机

在我国的南水北调等大型调水工程中，渠道衬砌机械化施工程度越来越高，以下介绍几种大中型渠道施工中常见的渠道衬砌机。

QTH200 型渠道衬砌成套设备。该成套设备由混凝土布料机、渠道衬砌机和混凝土养护台车三部分组成，适用于大型梯形混凝土衬砌渠道工程的施工。施工

图 4-9 CU-200 型 U 形渠道混凝土衬砌机

时一次性完成布料、摊铺、密实、提浆、切缝、压光成型和养护工作，一体化连续作业。混凝土布料机为钢架结构，履带行走或轨道式行走，采用液压或机械传动，两侧均可布料，每小时布料大于 50m。渠道衬砌机采用全液压自动控制，履带行走或轨道式行走，柴油机作动力（康明斯 B3.3-60，功率 45kW，转速 2200r/min），衬砌宽度 5～25m，衬砌速度最大可达 5m/min，混凝土养护台车采用钢架结构，可自行驱动或由衬砌机牵引。

SDQTZ 型渠道衬砌机。该衬砌机集混凝土振捣、磨具、成型于一体，具有入仓流径短、振捣充分均匀、混凝土板成型规则、伸缩缝同步嵌入、衬砌质量高、施工速度快、易于操作等优点，适应于边坡比为 1:1.25～1:1 的梯形渠道混凝土衬砌施工。对于弧形坡脚梯形渠道，仅对衬砌机面板横管架稍作变动，同样可以适用。同类型还有 SDQHZ 型渠道衬砌机，适用于大弧形底梯形渠道。

RWCQ-A20000 型渠道衬砌机。该衬砌机的摊铺车行走由液压马达牵引，可五级变速和快速换向，摊料快慢适当，一次性摊铺均匀，无须来回补料，大大提高了施工速度，布料速度可达 9m/min；整平车行走由制动电机牵引，可确保整平车行走精确，不滑移；悬梁采用国标方管焊接，坚固牢靠，外形美观；整平车与悬梁直剪采用减振橡胶连接，工作既稳定，效果又好；装机效率 45kW，适应于大中型边坡比为 1:2、1:2.25、1:3 的梯形渠道混凝土衬砌施工。

最近十年来，大型渠道自动化施工机械成套设备发展迅速，一套完整的渠道机械化施工设备主要应包括渠道削坡机、渠道基层（水泥土）衬砌机、渠道混凝土衬砌机、渠道混凝土衬砌抹光机、渠道衬砌切缝机。下面以 RWCQ 系列的渠道机械化施工设备为例，介绍目前渠道的机械化施工技术。

RWCQX12 渠道削坡机。该设备用于长距离、大断面渠道的清土找平施工，可对粗坡面进行精削，找平。RWCQX12 渠道削坡机的特点：①单松土环节，过程少、效率高；②桁架自动调平升降系统，方便快捷，质量稳定可靠，确保削坡精度；③回程加速控制，节省空程时间，提高工作效率；④机器升降可选用液压控制调节，方便省力，选用 EATON 公司（伊顿公司）液压元件，质量稳定可靠，设有油缸防泄漏安全控制机构；⑤机器行走电机软启动控制，桁架行走平稳；⑥桁架连接模块化设计，便于增减长度和更改坡比，提高机器对渠道变化的适应性。RWCQX12 渠道削坡机的施工照片见图 4-10。

图 4-10　RWCQX12 渠道削坡机

RWCQY 渠道基层（水泥土）衬砌机。该设备用于渠道衬砌施工，进行送料、摊铺、振实、压平，具有以下特点：①采用先进的超高频内振技术，有效提高了压实度，使振实、压平融为一体；②双振实辊设计，提高了工作效率；③自动调平升降系统，方便快捷，质量稳定可靠；④人性化设计的控制柜台，操作轻松灵活；⑤桁架连接，模块化设计，便于增减长度和更改坡比，提高机器对渠道变化的适应性；⑥桁架挠度可按照实际工况调节，桁架采用下绞轴上连接板，调整连接板处的夹板即可调整桁架挠度；⑦找平系统采用电位传感，设定上下动作范围，可灵活调整行走架高度，来保证机器坡比准确。RWCQY 渠道基层（水泥土）衬砌机见图 4-11。

图 4-11　RWCQY 渠道基层衬砌机

RWCQH12 渠道混凝土衬砌机。该设备用于长距离、大断面渠道的衬砌施工，可对混凝土衬砌进行送料、摊铺、提浆、振实、整平，具有以下特点：①提料、送料全程采用螺旋输送器，效率高、不漏料、不跑浆，很好保持混凝土最初配合比，螺旋输送器的螺旋叶采用锰合金材料、耐磨、寿命长；②高频插入式振捣技术，提浆效果好；③自动调平升降系统，电动丝杠升降，方便快捷，质量稳定可靠；④机器行走电机软启动，桁架行走平稳；⑤桁架连接，模块化设计，便于增减长度和更改坡比，提高机器对渠道变化适应性；⑥找平系统采用电位传感，设定上下动作范围，可灵活调整行走架高度，来保证机器坡比准确；⑦螺旋输送器，长度可随桁架长度也可用标准节组合。RWCQH12 渠道混凝土衬砌机见图 4-12。

图 4-12　RWCQH12 渠道混凝土衬砌机

RWCQM11 渠道混凝土衬砌抹光机。该设备用于长距离、大断面渠道混凝土衬砌的抹光施工，可进行提浆、压实、抹平、抹光，具有以下特点：①抹光机变速箱大模数设计，铝合金箱体，免维护，使用寿命长；②抹光机自动升降机构，非常方便于抹光与提浆抹平的工作交换；③桁架调整机构，解决了机器走偏的技术难题；④加厚的高频淬火的高锰合金抹光刀片，抹光效果好，使用寿命长；⑤操作台简洁美观，操作轻松灵活；⑥抹光系统随坡面进行抹光，确保衬砌面的平整度。RWCQM11 渠道混凝土衬砌抹光机见图 4-13。

图 4-13　RWCQM11 渠道混凝土衬砌抹光机

　　RWCQG12 渠道衬砌切缝机。该设备用于渠道混凝土表面或其他渠道表面收缩缝的切割施工。具有以下特点：①设有手动、半自动、全自动三种运行模式，操作机器更加方便；②全自动工作，效率极高；③仅需一人操作，省工省时，大大降低了人工成本；④桁架施工，安全，快捷；⑤自动调平升降系统，方便快捷，质量稳定可靠；⑥切割机自带电推缸升降机构，非常方便于切割深度的调整、定位；⑦切割深度由定位轮确定，减轻对桁架的依赖度，方便操作。RWCQG12 渠道衬砌切缝机见图 4-14。

图 4-14　RWCQG12 渠道衬砌切缝机

# 第五章　渠道冻害处治技术应用实例

## 5.1　新疆北屯灌区渠道冻害处治技术

### 5.1.1　北屯灌区概况

北屯灌区位于新疆阿勒泰地区福海县境内，介于北纬 47°05′～47°27′，东经 87°31′～88°03′。灌区设计灌溉面积 78 万亩[①]，有效灌溉面积 68.25 万亩。北屯灌区所处区域属大陆性干旱气候，气候特点为干旱少雨，冬冷夏热，气温日较差大，日照丰富。新疆建设兵团农十师北屯气象站观测资料表明，多年平均气温为 3.9℃，最热月 7 月的平均气温为 22.9℃，最冷月 1 月的平均气温为–18.2℃，历年极端最高气温 39.7℃，极端最低气温–43.7℃；多年平均降水量 99.5mm；多年平均蒸发量 1868.6mm；多年平均积雪厚 5～10mm；最大冻土深度 1.81m；水面最大结冰厚 1.0m；多年平均日照时数 2850 小时；多年平均无霜期 142 天；多年平均风速 3.2m/s，以西北风居多，最大风速 22.6m/s；主要灾害性气候：干旱、大风、干热风、低温、冻害、冰雹等。北屯灌区的灌溉水源为额尔齐斯河。额尔齐斯河是中国唯一一注入北冰洋的外流河，在我国境内长为 546km，流域面积 5.7 万 km²。北屯灌区地处额尔齐斯河中上游段，河流通过北屯灌区段长度是 55km。灌区分布在额尔齐斯河二级阶地上，根据调查，灌区地下水位在灌溉季节埋深为 0.50～1.00m，冬季地下水埋深 1.5m 左右。

北屯灌区位于额尔齐斯河南岸的二级阶地上，地势东高西低，南高北低，全局看是东南向西北倾斜，地面坡降 1/700～1/200，海拔高程 500.00～560.00m，大区平坦，小区起伏，垦区的大小洼坑星罗棋布；灌区土质属于额尔齐斯河冲积物，由于长期处于剥蚀过程中，西北风不断吹走表层松散物质，造成地表组成物较粗，大多为砾质砂壤、轻壤土，耕层浅，一般为 25～45cm，以下为卵石、粗砂层，透水性强，保水、保肥能力差。

北屯灌区是新疆生产建设兵团最北部的大型灌区，对屯垦戍边具有战略作用，但灌区气候、土壤等自然条件差，灌溉用水来源单一且不稳定，这一切都要求要加强灌区水利设施的配套改造，充分发挥灌溉工程效益。

---

① 1 亩≈666.7m²

　　北屯灌区现已形成了以总干渠、干渠、支渠、斗渠为主,农渠、毛渠为辅的六级渠道灌溉体系,目前灌区内的总干渠、干渠(冬季运行的除外)多数已做了防渗改造,部分支渠、斗渠正在防渗改造中。由于灌区地处欧亚大陆腹地,冬季漫长而寒冷,渠系工程最主要的病害是冻胀破坏,为此,灌区在改造渠道时首先要考虑防冻胀问题。2001年在水利部的大力支持下,大型灌区(北屯灌区)续建配套与节水改造项目工程正式启动,北屯灌区的场外骨干渠道总干渠、二干渠、三干渠、南关水库引水渠得以改建配套。续建配套工程项目多为旧渠改造工程,在原渠基上改扩建和铺设渠道防渗体,防渗形式主要有四种,分别为塑膜防渗(总干渠)、塑膜+现浇混凝土衬砌复合防渗(总干渠)、塑膜+预制混凝土板复合防渗(二干渠、南关水库引水渠等)、预制混凝土板+雷诺护垫护底(三干渠)。

## 5.1.2　渠道防渗防冻胀技术措施

　　北屯灌区为防止渠道衬砌体的冻胀,从渠道冻胀破坏的三个基本因素——土、水、温着手,因地制宜,针对不同情况,采取合理的防冻胀措施:针对渠底部位出现的泥岩,将渠底预制砼板防渗型式改为柔性防护型式,即雷诺石笼护垫型式(镀锌双绞合低碳钢丝网格雷诺护垫);针对因地下水位高而影响施工进度和质量的情况,采取暗管棱体排水、排水沟、排水管、排水涵管等形式多样的排水法;若遇渠段中有低液限黏质土(冻胀土)出露,解决的方法采取就地取材,把渠床冻结深度以内的冻胀土壤更换为非冻胀土,如沙砾料;为了控制砼冻胀蔓延,降低砼渠道的冻胀维修成本,推广应用间隔梁,人为地分割成多个小单元块,达到减轻冻胀破坏的目的。

　　北屯灌区总干渠和三干渠是灌区内骨干渠道中长度较长的渠道,渠道在分年度续建配套与改造中,由于工程地质条件、防渗形式的不同,所采取的防渗防冻胀技术措施也各有所不同,现以总干渠和三干渠作为北屯灌区典型渠道进行分析(郭慧滨和何武全,2010)。

### 5.1.2.1　北屯灌区总干渠

　　北屯灌区总干渠全长28.007km,工程分为三段:第一段(0+000~13+950)结构设计为均质土渠,为旧渠(老二干渠)扩建段,设计流量45m³/s;第二段(13+950~16+580)2.63km,向二级电站及下游输水,结构设计为塑膜单防渠道,设计流量25m³/s;第三段(16+580~28+007)11.427km,向三干渠及三级电站分水,结构设计为塑膜现浇砼衬砌双防渠道,设计流量13m³/s,此段为新建段。工程沿线各类建筑物 40 座，其中分水枢纽两座，分别位于 13+950 和 16+580 处，桥 11 座，涵 18 座、闸 6 座、渡槽 4 座，跌水 1 座。工程于 2003 年竣工使用。

1）暗管棱体排水法

在地下水位较高的渠段，总干渠防渗防冻胀工程采用暗管棱体排水法，即先在该渠段的渠侧底部铺设一条顶部稍高于底板的砾石排水棱体，将各渗水点连通起来，再沿渠道每隔一定距离在排水棱体中水平插入一根长约 1m 钻有梅花孔的排水钢管，然后再铺设塑膜、浇筑砼板。通过这种排水措施，渗水通过砾石棱体集中从管子流出，快速降低了地下水位，减少了地下水顶托压力。既能正常进行铺设现浇砼的施工程序，又解决了砼板块顶起和冻胀的问题，从而保证了边板与底板的质量，方法简单实用。

2）置换法

根据北屯灌区总干渠沿线工程地质调查及试验资料显示，总干渠大部分渠段为砂砾石覆盖物，其粗粒土中粒径小于 0.05mm 的土粒重量占土样总重量的 6%以下，为非冻胀性土。在渠道部分渠段中有泥岩出露，根据分析此处泥岩属低液限黏质土，属冻胀土。冻胀性土壤的存在是导致渠床基土冻胀的首要因素，解决的方法就是把渠床冻结深度以内的冻胀土壤更换为非冻胀土，如沙砾料。根据置换法的原理进行置换后，取得了较好的效果。

## 5.1.2.2　北屯灌区三干渠

三干渠修建于 1959 年，全长 20.2km，控制灌溉面积 11.24 万亩。三干渠从引水总干渠末分水枢纽处分水，设计引水流量 10m$^3$/s，其中发电用水 5m$^3$/s。

1）雷诺护垫的应用

三干渠部分渠段的地下水位较高，且渠底为泥岩，为适应变形、冻胀和防止冲刷等，将渠底预制砼板防渗型式改为柔性防护型式（图 5-1），即雷诺石笼护垫型式（镀锌双绞合低碳钢丝网格雷诺护垫，见图 5-2），该技术产品是引进意大利生产工艺由中外合资生产的一种新型镀锌合金产品，能在水中 20 年不生锈，内装卵石，有很好的透水性，能防止冻胀。工程于 2004 年 10 月完工，次年投入使用。通过几年的运行观察，雷诺护垫的应用很好地解决了北方地区冬季渠系渠底鼓包、冻涨、变形问题，便于季节性施工，无需维修。

2）间隔梁法

冻胀是灌区渠道遭受破坏的主要原因，这与灌区普遍进行秋灌有直接关系，特别是骨干渠道沿线的地下水位有时甚至高于渠底，致使冻胀量过大。针对此情况，三干渠在防渗衬砌工程设计时，根据渠道纵坡坡降的不同，每隔 10m 或 20m 在砼双防渠道之间增设一间隔梁。这使连成一整体的砼被人为地分割成多个小单元块，从而起到了控制砼冻胀蔓延的作用，还达到了防冲的目的。间隔梁的应用，大大降低了砼渠道的冻胀维修成本。后在北屯灌区的二干、三干渠中得以广泛推广运用。

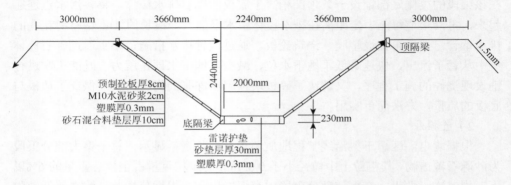

预制砼板厚8cm
M10水泥砂浆2cm
塑膜厚0.3mm
砂石混合料垫层厚10cm
底隔梁
顶隔梁
2440mm
2000mm
230mm
雷诺护垫
砂垫层厚30mm
塑膜厚0.3mm
3000mm　　3660mm　　2240mm　　3660mm　　3000mm
11.5mm

图 5-1　三干渠渠底柔性防护型式结构示意图

图 5-2　雷诺护垫

3）排水涵管的应用

北屯灌区三干渠 0+000～16+760 段位于排水渠右侧，该排碱渠原为 20 世纪

50 年代的老三干渠，排水渠与三干渠之间共用一个渠堤，属两渠三堤。在灌溉后，排水渠内水位明显偏高，若不及时排水，必将引起三干渠左侧渠堤土壤含水量增大，进入冬季后，土体中的含水不能有效的排出，从而造成冻胀破坏。为解决此问题，分别采取在 9+400、13+300、16+400 处采取渠底埋设 $\phi$75cm 的排水涵管，将渠内的积水及时由排水涵管排入渠道边的一个自然大洼地，避免三干渠左侧渠堤土壤含水量增大。通过埋设排水涵管，有效解决了此段渠道的防冻胀问题。

### 5.1.3　渠道防渗防冻胀技术应用效果

采取防冻胀措施后，渠道运行状况明显好于无防冻胀措施的渠道，由于防冻胀技术措施的采用，保护了渠道，冻胀量得到大幅度削减，减少了由于渠道基土冻胀而形成的渠道破坏，保证了灌溉工程的正常运行，提高了灌溉效率。其效果主要表现在以下几方面：冻胀破坏的程度明显较轻；渠道破坏的面积较小；所需的工程维修费用少。

防冻胀技术的采用，优化了渠道的受力结构，提高了渠道的抗冻、防渗能力，延长了工程的使用寿命，工程的使用寿命比较从前可以延长 2～3 倍。图 5-3 为防渗衬砌后已运行 7 年的北屯灌区总干渠，图 5-4 为渠底采用柔性防护型式已运行 6 年的北屯灌区三干渠。

图 5-3　防渗衬砌后的北屯灌区总干渠

图 5-4　渠底采用柔性防护型式的北屯灌区三干渠

　　为确保工农业全年的正常引水、输水、供水，水管处渠道工程的维修一般安排在春灌前和秋灌后，春灌前的维修多数是因冻胀所引起的破坏，这段时间较短，工程多数属抢修，但采取抗冻胀技术的渠道，因为破坏程度轻，维修面积小，有效地节约了时间，确保了农业灌溉的及时供水。

# 5.2　内蒙古河套灌区渠道冻害处治技术

## 5.2.1　河套灌区概况

　　河套灌区位于内蒙古自治区西部、黄河上中游内蒙古段的北岸冲积平原，地理坐标为北纬 40°19′～41°18′，东经 106°20′～109°19′，灌区总土地面积 1679 万亩，现灌溉面积 861 万亩，是我国最大的一首制自流引黄灌溉区和全国三个特大型灌区之一。河套灌区地处大陆性干旱、半干旱气候带，具有显著大陆性气候特征。冬季严寒少雪，夏季高温干热，降雨量少，蒸发量大，干燥多风、日温差大、日照时间长，无霜期短，土壤封冻期长，属于无灌溉即无农业地区。灌区年降水量为 139～222mm，年蒸发量为 1999～2346mm，年平均气温为 6～8℃，年封冻期为 5～6 个月，最大冻结深度为 1.0～1.3m。

　　河套灌区的水资源主要是过境的黄河水。黄河水量丰富，年均过境径流量约 296.9 亿 m³，水质优良，为 $HCO_3$-Ca 型、矿化度＜1g／L 的优质淡水。自从 1961

年在黄河上建成三盛公拦河闸和总干渠引水枢纽工程以后，灌区相继建成了总干渠、干渠、分干渠、支渠、斗渠、农渠、毛渠等七级输配水灌溉系统和相应的排水系统。

灌区地下水动态受气象因素和引黄灌溉的影响，表现出明显的季节性周期动态变化。根据多年动态观测资料，全灌区枯水期水位埋深在 2.03～2.64m，丰水期水位埋深在 0.93～1.20m，多年平均水位埋深在 1.65～1.71m，多年平均水位变幅在 1.01～1.49m。河套灌区上部地层为第四系全新统，根据岩性特征可分为上下两组，上部岩性以砂壤土、壤土和黏土为主，下部岩性为粉砂、细砂，局部为中砂，具典型的上细下粗二元结构。

由于河套灌区属于季节冻土区，土壤冻结期一般从 11 月中旬开始，至翌年 4 月下旬融通，冻结深度 80～140cm，形成了渠道基土产生冻胀的气候条件。河套灌区以粉土和黏土为主，粉黏粒（粒径＜0.05mm）含量都在 65%以上，属于强冻胀性土质。每年 9 月下旬至 11 月上旬的秋浇是河套灌区必要的一次储墒灌水，此时灌区地下水位最高（埋深最浅），灌区地下水平均埋深在 50～100cm，因此造成灌区土壤含水率较高，土层 20cm 以下的土壤含水率都在 25%左右，超过了土壤起始冻胀含水率。在冻结过程中，地下水位与冻结锋面几乎同步下降，从下层土壤向冻结锋面的水分迁移非常明显，为土壤产生强冻胀提供了水分条件。河套灌区区域性的特点，同时具备了使土壤产生冻胀的温度、土质、水分条件，冻胀敏感性的土壤在水热耦合共同作用下形成了强冻胀区域。通过大型灌区续建配套与节水改造，河套灌区已在杨家河、义和、永济、长济、东风分干渠等 19 条支渠以上骨干渠道上实施渠道衬砌防渗工程改造 150 多千米。

## 5.2.2　渠道防渗防冻胀技术措施

灌区渠道衬砌段采用全断面聚乙烯膜防渗，全断面混凝土预制板做保护层。这种结构形式防渗效果好，渠道输水糙率较小，施工简单。渠道衬砌防渗层采用全断面铺设 0.3mm 厚聚乙烯膜料，膜上采用 40cm×60cm×6cm 或 50cm×70cm×8cm 长方形混凝土预制板和弧形底混凝土预制板做保护层，混凝土预制板的强度等级为 C25，抗冻等级不小于 F200；混凝土预制板与膜料之间设 3cm 厚的 M10 砂浆过渡层，混凝土预制板铺砌的砌筑缝宽为 2.5cm，用 M15 水泥砂浆勾缝。封顶板采用与坡面顶层预制为整体的 C25 混凝土预制构件，并且将膜料从封顶板向外延伸 0.3m，封顶板外侧设路缘。

灌区节水改造工程骨干渠道选用聚苯乙烯保温板作为保温材料，它具有自重轻、强度高、吸水性能低、隔热性能好、运输和施工方便且削减冻深和冻胀效果好等优点。根据灌区渠道防渗衬砌工程抗冻胀试验观测，采用聚苯乙烯保温板防冻保温，能够满足渠道衬砌工程的抗冻胀要求。保温板厚度阴坡为 8～10cm，阳坡为 6～8cm。田间渠道采用换填风积砂的保温措施，风积砂换填厚度为 20～30cm。

### 5.2.3 渠道防渗防冻胀技术应用效果

#### 5.2.3.1 聚苯板保温技术的应用

永刚分干渠为东西走向的宽浅式梯形断面渠道，全长 35km，入口设计流量为 20m³/s。1999 年随着永刚分干渠建筑物续建配套与节水改造示范工程的实施，在永刚分干渠二闸上完成渠道衬砌 8.8km，2000 年农业综合开发骨干工程项目又在永刚分干渠二闸以下完成了 4.0km 的混凝土渠道衬砌。

西济支渠为南北走向的梯形断面和梯形断面弧形坡脚渠道，全长为 9.45km，引水口设计流量为 5.74m³/s，控制灌溉面积 2887hm²。西济支渠灌域共有斗渠 7 条，总长度为 20.63km，斗渠多为东西走向，设计流量在 0.72～1.81m³/s。1999 年随着隆胜节水示范区的建设，西济支渠及其灌域内的斗农渠全部进行了渠道衬砌。图 5-5 为永刚分干渠和西济支渠渠道采用聚苯乙烯板做保温材料的横断面结构图。

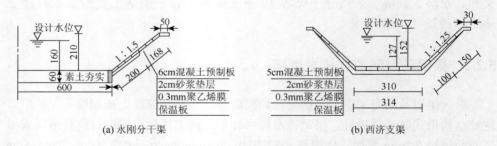

(a) 永刚分干渠    (b) 西济支渠

图 5-5 聚苯乙烯保温板衬砌渠道横断面图（cm）

聚苯乙烯（EPS）是由聚苯乙烯聚合物为原料加入发泡添加剂聚合而成，属超轻型土工合成材料。它是无色、无嗅、无味而且有光泽的透明固体，具有重量轻、导热系数低、吸水率很小、化学稳定性强、抗老化能力高、耐久性好、自立性好、施工中易于搬动等优点，缺点是耐热性低。试验采用的聚苯乙烯板物理力学性能和《渠系工程抗冻胀设计规范》（SL 23—2006）要求性能见表 5-1。

**表 5-1　聚苯乙烯板物理力学性能**

| 项目 | 密度/（kg/m³) | 导热系数/[W/（m·K)] | 吸水率（体积）/% | 尺寸稳定性/% | 压缩强度（相对变形)/kPa | 弯曲变形/mm |
|---|---|---|---|---|---|---|
| 采用的测试值 | 20 | 0.035 | 2.1 | 4 | 240 | 25 |
| 规范指标 | ≥15 | ≥0.041 | ≥6 | ≥4 | ≥60 | ≥20 |

　　一般来说，渠道基土冻结并能产生冻胀需具备的基本因素有：基土具有冻胀敏感性；基土有相应的冻结环境；基土中含有一定的孔隙水。三者缺一不可。因此只要控制其中任意一个因素便可实现削减或消除土体冻胀的目的。衬砌渠道采用聚苯乙烯保温措施，就是利用保温材料导热系数低的性能改变和控制渠道衬砌基土周围热量的输入、输出及转化过程，人为地影响冻土结构，使冻土内部的水热耦合作用在时间和空间上向不利于冻胀的方向发展变化。具体表现在：提高冻结区的地温，推延冻结的进程，减缓冻结速率以削减冻深；减少水分迁移量，降低冻土中的冰含量；削减冻胀量。河套灌区针对所在区域属于季节性冻土地区，渠道冻胀破坏严重的实际，十几年来在骨干渠道防渗衬砌工程建设上推广使用聚苯乙烯保温板技术，大大提高了渠道的使用寿命，达到了"防渗、抗冻、经济、可行"目的。图 5-6～图 5-8 为灌区渠道采用聚苯板保温的施工和效果图。

图 5-6　永刚分干渠渠坡采用聚苯乙烯保温板防冻措施

图 5-7　西济支渠聚苯乙烯保温板铺设

图 5-8　永济干渠采用全断面聚乙烯膜防渗聚苯保温板防冻效果

聚苯乙烯板的主要应用效果体现在以下四个方面：

（1）聚苯乙烯保温板显著提高基土地温，这是由于保温板保温隔热作用，可有效减缓基土与外界的热交换速度，使基土在冻结过程中温度速率降低缓解，板越厚效果越明显。适宜板厚与渠道走向、坡面、上下部位有关。在试验条件下，东西走向渠道阴坡上部铺设5cm，下部铺设8cm厚保温板时，基土不出现负温；阳坡上、下部均铺设3cm厚保温板可基本消除负温。南北走向渠道由于阴、阳坡及上、下部位温差小，均铺设4cm厚保温板可消除负温。保温板保温能力受环境影响较大，即同一厚度保温板在不同部位其保温效果不同，保温板每厘米厚提高基土温度在阴坡上、下部分别为1.8℃、1.3℃；在阳坡为0.7℃。

（2）保温板可明显减小基土冻深，这是由于保温板导热系数低，能有效缓解冻结速率，抑制冻深发展。随着板厚增加，冻深呈线性规律减少。在试验条件下，每厘米厚保温板对冻深减少值与渠道走向和部位有关，东西走向渠道阴坡上、下部分别为11.3cm、6.8cm；阳坡上、下部分别为11.7cm、5.0cm。南北走向渠道阴坡上、下部分别为10.4cm、9.5cm；阳坡上、下部分别为9.5cm、6.9cm。不同厚度保温板冻深削减率和渠道走向部位有关。东西走向渠道削减率阴坡上部4cm厚板、下部5cm厚板的冻深削减率分别为44.0%、48.7%；阳坡上部3cm厚板、下部5cm厚板的冻深削减率分别为68.3%、56.7%。南北走向渠道削减率阴坡上部4cm厚板，下部5cm厚板的冻深削减率分别为43.7%、66.7%；阳坡上、下部均为3cm厚板的冻深削减率分别为39.0%、50.7%。

（3）保温板能够抑制基土水分变化，这是由于铺设保温板后，冻结锋面推进变缓，基土温度梯度较小，水分迁移及原驻水重分布的能力较弱，使冻结过程中冻结锋面与地下水的距离逐渐加大，水分迁移路径相对增大，不利于水分迁移，而有利于减少冻胀。

（4）保温板对基土冻胀有明显的抑制作用，能减少冻胀量。对冻胀削减量和渠道走向、部位有关。据试验结论东西走向渠道阴坡上部铺设3cm、4cm、5cm厚保温板可削减冻胀量52%、97%、100%；阴坡中部铺设5cm、8cm、10cm保温板可削减冻胀量39%、72%、82%；阳坡上下均铺设3cm厚保温板可基本消除冻胀量。南北走向渠道阴、阳坡上部铺设4cm、下部铺设5cm厚保温板可基本消除冻胀量；渠底铺设5cm厚保温板可削减冻胀量88%；渠底铺设8cm厚保温板可完全消除冻胀量。

## 5.2.3.2　换填风积砂技术的应用

利用不冻胀性土换填冻胀性基土，是防冻胀普遍采用的一种有效措施，换填料一般采用粗砂、砾石等。风积砂属于岩石风化产物，受风力搬运、堆积而成。其特点是颗粒均匀，粉黏粒含量极微，渗透性能好。这次试验采用了赤峰市宁城县巴里营子老哈河畔风积砂。经风积砂料试验，其颗粒组成和物理指标见表 5-2。从表可见，颗粒中以 0.10mm 以上粒径含量为主，约占 75%，无黏性颗粒，粉粒含量较少，属于极细砂，对防止冻胀是较为有利的。

表 5-2　风积砂颗粒组成和物理指标

| 颗粒讧组成/% | | | | | 土的分类 | 比重 | 干密度/(g/cm$^3$) | 孔隙比 | 孔隙率/% | 不均匀系数 | 曲率系数 | 毛细管水上升高度/cm |
|---|---|---|---|---|---|---|---|---|---|---|---|---|
| 0.5~2.0mm | 0.25~0.5mm | 0.10~0.25mm | 0.05~0.10mm | 0.005~0.05mm | | | | | | | | |
| 1.0 | 33.1 | 39.8 | 19.8 | 6.3 | 极细砂 | 2.67 | 1.50 | 0.77 | 43.4 | 2.68 | 1.25 | 41.4 |

共设计了 8 种换填处理，分别在试验场模拟渠道及马架梁渠道上进行试验。模拟渠道按超过最大冻深以内更换基土，更换基土下部设 40cm 厚砂砾石层，以保证地下水连通。模拟渠道与原基土之间及不同处理之间皆用塑料薄膜隔开，以分别控制不同地下水位。回填基土按干密度 1.40g/cm$^3$ 控制。马架梁渠道基土保持原状态。试验段总长度为 59m。8 种处理分别在 4 种地下水位（离渠底高低为 40cm、60cm、140cm、−80cm）、2 种基土（轻粉质壤土与粉质黏土）条件下进行，换填型式分为全断面等厚度换填与不等厚度换填两种。换填设计处理见表 5-3，处理 T11、T12 横断面见图 5-9 和图 5-10。

表 5-3　风积砂换填设计处理

| 类别 | 地点 | 处理 | 换填厚度/cm | | | 下卧土层 | 地下水位/cm | 试验段长度/cm | 渠道走向 |
|---|---|---|---|---|---|---|---|---|---|
| | | | 阳坡 | 渠底 | 阴坡 | | | | |
| 模拟试验 | 二渠 | T12 | 40 | 40 | 40 | 粉质壤土 | 140~40 | 3 | SW45° |
| | | T13 | 70 | 70 | 70 | 粉质壤土 | 140~40 | 3 | SW45° |
| | | T8 | 140 | 140 | 140 | 粉质壤土 | 140~40 | 3.5 | SW45° |
| | 三渠 | T12 | 60 | 60 | 60 | 粉质壤土 | 60 | 3 | SW45° |
| | | T13 | 90 | 90 | 90 | 粉质壤土 | 60 | 3 | SW45° |
| | | T8 | 140 | 140 | 140 | 粉质壤土 | 60 | 3.5 | SW45° |
| 应用试验 | 马架梁渠道 | T10 | 50~70 | 0 | 60~80 | 粉质黏土 | −80 | 20 | NE40° |
| | | T11 | 80~100 | 0 | 90~110 | 粉质黏土 | −80 | 20 | NE40° |
| 合计 | | 8 | | | | | | 59 | |

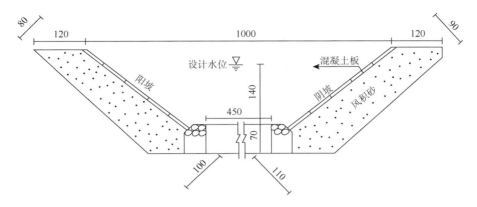

图 5-9　马架梁渠道处理 T11 横断面（cm）

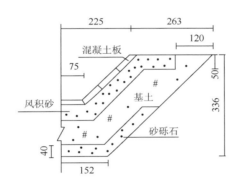

图 5-10　模拟渠道三渠处理 T12 横断面（cm）

采用风积砂换填后的主要效果如下：

（1）风积砂属弱冻胀性土壤，是一种较好的防冻材料。实测换填层内冻胀率在 3% 以下，防冻效果在 90% 以上。可用于基土最大冻胀量为 260mm 地区，使冻胀量控制在 30mm 左右，冻胀率在 3% 以下，防冻效果在 90% 以上。

（2）在冻结过程中风积砂垫层中饱和水分向与冻结面相反方向转移，故换填层内含水量大小对冻胀的影响甚微。地下水埋深不宜小于 60cm。

（3）风积砂的防冻效果随换填厚度的增加而增强，换填率为 70% 左右时，效果好、造价低，再增加厚度，效果增强不大。

（4）风积砂颗粒组成中大于 0.1mm 颗粒越多其冻胀性越小，因砂土开敞冻胀性随粉粒含量增大而增强，因而应尽量减少粉粒含量，但从实测结果看，当粉粒含量为 6% 时，仍无大的影响，因而不宜大于此数。

（5）渠道两坡宜采取不等厚换填（上部小、下部大），当地下水位及土质条件不同时，其不同部位换填率可分别按以下取值：当地下水位埋深在渠底以下 40～

60cm，土质为壤土、轻、中粉质壤土时，阳坡上、下部位换填率可采用 45%～70%，阴坡可采用 50%～80%，渠底采用 80%；地下水位埋深在渠底以上 50～100cm，两坡有出逸水，土质为粉质黏土、黏土、重粉质壤土时，阳坡上、下部位换填率取 80%～100%，阴坡采用 75%～90%，渠底采用 100%。若当地下水位、水质条件与上述不同时，可根据当地条件，对上述取值进行适当研究确定，一般均可取得较好的防冻效果。

### 5.2.3.3　土壤固化技术的应用

采用梯形断面，采用 0.3mm 厚聚乙烯膜防渗，5cm 厚预制固化板做保护层，板下设 3cm 厚固化泥过度层，结构形式见图 5-11。

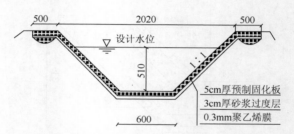

图 5-11　渠道三渠处理 T12 横断面（cm）

土壤固化剂是在常温下能直接胶接土体中土壤颗粒表面或能够与黏土矿物反映生成胶凝物质的硬化剂。所用固化剂属于水化类固化剂，主要由石灰石、黏土、石膏等矿物再加入不同化学元素，经过一定工艺加工而成为固体粉状物质。土壤固化剂按一定比例掺入土壤，加水拌和，然后经过碾压或振压。在碾压或振压时，将拌和物中气体水分逐出，土壤固化剂与土壤发生凝胶化，使土壤颗粒结构增强了相互黏聚力，使其形成相当抗压强度和抗渗能力的砌块。土壤固化剂固化剂技术指标见表 5-4。土壤固化剂在渠道中的应用如图 5-12 和图 5-13 所示。

表 5-4　土壤固化剂技术指标

| 序号 | 检测项目 | 技术指标 | 检测标准 |
|---|---|---|---|
| 1 | 渗透系数/(cm/s) | $<6\times10^{-8}$ | |
| 2 | 干密度/(g/m³) | 1.75～1.86 | 标准试块在室内自然条件下养护 28d |
| 3 | 抗压强度/MPa | 7.15～12.17 | |

续表

| 序号 | 检测项目 | 技术指标 | 检测标准 |
|---|---|---|---|
| 4 | 初凝/h | 6 | 标准试块在室内自然条 |
| 5 | 终凝/h | 16 | 件下养护 28d |

图 5-12　公安斗渠土壤固化板施工与灌溉运行（2007 年）

图 5-13　隆胜节水示范区西济渠右五斗渠土壤固化板+塑膜衬砌（1999 年）

固化土衬砌渠道可预制或现浇。预制步骤：筛土—加固化剂—拌和—加水拌和—机械加压—养护—搬运—铺砌安装。现浇：将湿拌均匀的固化土拌和料均匀地铺撒到已清好的地基表面，铺撒厚度 8～10cm，将表面摊平整后，碾压须 3 遍以上，压实干密度不得小于 1.6g/cm³。

采用土壤固化剂预制板衬砌渠道，设计断面为梯形断面，采用 0.3mm 厚聚苯乙烯膜防渗，5cm 厚预制固化板护面，板下设 3cm 厚固化泥过度层，边坡系数 1∶1。

衬砌渠道冻胀变形较均匀，消融后自然复位，整个坡面无隆起或沉陷破坏现象。对比测试结论表明：固化土预制块与混凝土预制块衬砌的渠道的冻结、冻胀规律基本相同，因此，在冻胀量较小的田间渠道可选用固化土预制块衬砌，渠道断面宜采用梯形。将固化土加工制成预制板衬砌渠道可就地取材，节省大量砂石料，预制固化板是预制混凝土板造价的 65.1%左右，即可降低生产成本 34.9%。

### 5.2.3.4　膨润土防水毯防渗保温技术的应用

公安斗渠右四农渠设计采用膨润土防水毯弧形底梯形断面形式，防渗毯厚 5mm，其上 10mm 厚砂浆保护。衬砌结构形式见图 5-14。

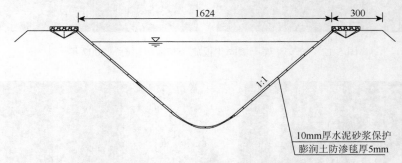

图 5-14　膨润土防水毯衬砌渠道结构（mm）

膨润土属蒙脱石矿物质，粒径微小，是一种遇水膨胀失水收缩的物质，自由膨胀率为 80%～360%。遇水膨胀后渗透系数很小，可作为一种廉价的防渗材料用于渠道的防渗。膨润土防水毯（GCL）是一种新型的土工合成材料。它是将级配后的膨润土颗粒均匀混合后，经特殊的针刺工艺及设备，把高膨胀性的膨润土颗粒均匀牢固地固定在两层土工布之间。如此制成的柔性膨润土防水毯材料，既具有土工材料的全部特性，又具有优异的防水防渗性能。它能在拉伸、局部下陷、干湿循环和冻融循环等情况下，保持极低的透水性，同时还具有施工简易、成本低、节省工期等优点。膨润土防水毯技术指标见表 5-5，膨润土防水毯在永刚分干渠和农渠中的施工如图 5-15 所示。

表 5-5　膨润土防水毯技术指标

| 序号 | 检测项目 | 技术指标 | 检测标准 |
|---|---|---|---|
| 1 | 膨胀系数/（mL/g） | ≥24 | ASTM D5890 |
| 2 | 含水量/% | ≤12 | ASTM D4643 |

续表

| 序号 | 检测项目 | 技术指标 | 检测标准 |
|---|---|---|---|
| 3 | 流体损耗/mL | ≤18 | ASTM D5891 |
| 4 | 抗拉强度/N | ≥400 | ASTM D4632 |
| 5 | 剥离强度/N | ≥75 | ASTM D4632 |
| 6 | 单位面积膨润土质量/（g/m²） | >500 | |
| 7 | 渗透性/（cm/s） | $<5\times10^{-9}$ | ASTM D50874 |
| 8 | 指示流量/[m³/(m²·s)] | $<5\times10^{-8}$ | ASTM D5887 |

图 5-15　膨润土防水毯衬砌施工与灌溉运行

在试验条件下，田间渠道采用膨润土防水毯衬砌，平均渗漏强度为
11.54L/（m²·h），与未衬砌渠道平均渗漏强度 21.9L/（m²·h）相比较，每平方
米 1h 减渗漏损失 10.36L，即每平方米 1h 可减少渗漏损失 47.3%。通过渗漏
历时与渗漏强度的拟合曲线表明：衬砌前（土渠）随时间的增加渗漏强度呈
幂函数减小趋势，衬砌膨润土防水毯后随时间的增加渗漏强度呈自然对数函
数逐渐减小趋势。

在季节冻土地区，采用膨润土防水毯衬砌渠道，分干渠阴、阳坡最大冻深
分别为 98.5cm、44.0cm；农渠阴、阳坡最大冻深分别为 94.1cm 和 80cm，由此
可见分干渠阴阳坡冻深差异较大，而农渠阴阳坡冻深差异较小。阴坡分干渠和
农渠最大冻胀量分别为 13.4cm、5.8cm，阳坡最大冻胀量分别为 6.2cm 和 5.6cm，
与以前年度无措施衬砌渠道平均最大冻胀量相比较，铺设膨润土防水毯渠道的
边坡冻胀量并没有削减或削减较小，但是冻土融通后渠坡没有明显的残余变形
量，复位很好，由此说明膨润土防水毯具有较好的柔性，适应变形的能力很强，
整体性好。也说明膨润土处理可减小冻胀造成的不均匀性，增强渠道坡面的稳
定性。

图 5-16 和图 5-17 分别为杨家河干渠未采取和采取保温措施的试验段情况。

图 5-16　杨家河干渠未采取保温措施的试验段冻胀破坏情况

图 5-17　杨家河干渠采取保温措施的试验段

# 5.3　甘肃景电灌区渠道冻害处治技术

## 5.3.1　景电灌区概况

　　甘肃景电灌区（景泰川电力提灌工程）位于甘肃省中部，河西走廊东端，省城兰州以北 180km 处；横跨甘肃、内蒙古两省区的景泰、古浪、民勤、阿拉善左旗等四县（旗）。灌区东临黄河，北与腾格里沙漠接壤，干旱少雨、风沙多，属于干旱型大陆性气候；灌区范围内地表径流和地下水都很匮乏，灌溉水源来自黄河提水。景电工程是大 II 型提水灌溉工程，总体规划、分期建设。工程设计流量 28.6m³/s，加大流量 33m³/s，兴建泵站 43 座，装机容量 27 万 kW，控制灌溉面积 100 万亩。一期工程 1969 年开工建设，1971 年上水。建成泵站 13 座，装机容量 7.75 万 kW，总扬程 472m；修建干、支、斗、农 4 级渠系，干支渠渠道 20 条共计 228km，建筑物 980 座。工程设计流量 10.6m³/s，加大流量 12m³/s，年提水量 1.48 亿 m³，设计灌溉面积 30.42 万亩。现状斗渠以上渠道衬砌率达到 85%，工程设施完好率 56%，灌区有效灌溉面积 28.42 万亩，亩均毛灌溉用水量 520m³/亩，复种指数 112%。二期工程 1984 年开工建设，1987 年投入运行。建成泵站 30 座，装机容量 19.25 万 kW，总扬程 713m；修建干支斗农 4 级渠系，干支渠渠道 47 条共计 451km，建筑物 2519 座。设计流量 18m³/s，加大流量 21m³/s，年提水量 2.66 亿 m³，设计灌溉面积 52.05 万亩。现状斗渠以上渠道衬砌率达到 80%以上，工程设施完好率 51%，灌区现状有效灌溉面积 45.55 万亩，亩均毛灌溉用水量 530m³/亩，复种指数 108%。

景电一期灌区支渠以上渠道工程建设时，由于当时受经济条件的限制，渠道仅采用混凝土板衬砌，部分渠道换填了砂碎石，没有采取其他的防渗和防冻胀措施，灌区支渠以上渠道经过近 40 年的运行，渠道冻胀破坏严重，淤积、滑塌现象时有发生，渗漏水现象严重，渠系水的利用系数降低，输水时间长，灌溉效率低。近几年，随着景电一期灌区续建配套与节水改造项目的实施，景电一期灌区支渠以上渠道工程在改造时，针对渠道不同情况，采取了不同的渠道衬砌防渗防冻胀技术措施，有效缓解和解决了渠道的渗漏和冻胀等问题，提高了渠道工程的质量和使用寿命。

景电二期灌区斗渠以上各级渠道均采用了混凝土板全断面衬砌。渠道因地质条件不同，断面设计及衬砌形式也不同，总干渠设计断面分"土基渠道"和"石基渠道"两种，"土基渠道"为梯形断面，防渗结构为沥青玻璃丝布或 0.2mm 厚聚乙烯防渗膜、3cm 厚砂浆垫层、混凝土板衬砌；"石基渠道"混凝土板衬砌设计断面分梯形和矩形两种，梯形断面设计边坡大，为不等厚混凝土板衬砌结构；矩形断面设计为重力式砌石挡土墙并套衬混凝土预制板或现浇混凝土。支渠多采用梯形、弧底梯形和 U 形衬砌形式，梯形和弧底梯形设有沥青玻璃丝布或 0.2mm 厚聚乙烯防渗膜。防冻胀措施因各种因素，未充分考虑。工程经过近 20 多年的运行，因渠道渗漏水、灌溉回归水等因素地下水位上升，渠道冻胀破坏日益显现，特别是梯形渠段冻胀破坏尤为严重，对渠道的安全运行造成威胁。

景电二期延伸向民勤调水干渠明渠段工程建设时采用聚乙烯防渗膜加混凝土板衬砌结构，渠道横穿灌区，受灌溉回归水和渠道渗漏水的影响，经过近 10 多年的运行，渠道冻胀破坏严重，部分渠段滑塌，渠道的安全运行受到威胁。

## 5.3.2  渠道防渗防冻胀技术措施

景电灌区渠道以挖方渠道、填方渠道两种形式居多。挖方渠道又以有地下水、无地下水区分；填方渠道大多无地下水。对于挖方（且无地下水）的渠道，在渠道的更新改造中，大多采用换填砂碎石、铺设聚乙烯防渗膜、砂浆垫层、混凝土预制板衬砌结构。砂碎石换填厚度为 30～80cm，干、支渠铺设的防渗膜厚度分别为 0.20mm 和 0.18mm，砂浆垫层的厚度为 3cm，混凝土预制板的厚度为 6.3cm；部分支渠段采用聚苯乙烯保温板、铺设聚乙烯防渗膜、砂浆垫层、混凝土预制板衬砌结构，聚苯乙烯保温板厚度为 8cm，防渗膜厚度 0.2mm，砂浆垫层的厚度为 3cm，混凝土预制板的厚度为 6.3cm。有地下水的渠道，在渠道的更新改造中，采用渠底盲沟铺设 PVC($\phi$160) 排水花管，排水花管周围夯填反滤料，使地下水从排水花管排走。对于地下水特别丰富且地下水位高、冻胀破坏严重的渠道，除采用暗埋排水花管排水措施外，为了抵抗渠道的冻胀，采用较大体积的砌石衬砌渠道。

　　景电一期灌区支渠以上渠道工程，土壤地质条件复杂，总干渠穿越灌区段地下水特别丰富且地下水位高，支渠大部分穿越灌区，灌溉回归水和渠道渗漏水使渠堤长期处于水饱和状态，冬季渠道停水期和春季消融期，渠堤饱和水的冻胀与消融，对渠道造成严重的冻胀破坏导致渠道滑坡。因此，在灌区续建配套与节水改造中，渠道防渗衬砌工程均采取了防冻胀技术措施，下面以总干渠（4#隧洞出口至独一农渠段）和西干八支渠作为景电灌区典型渠道进行分析。

## 5.3.2.1　总干渠

　　本段渠道长 240m，原设计流量 10.56m³/s，加大流量 12m³/s，设计纵坡 1/3000，边坡系数 1：0.5，渠道原设计断面形式和衬砌结构为梯形现浇混凝土结构。本段渠道处于全灌区最低洼地段，为深挖方岩石渠道，地下水高出渠底 0.3～0.5m，且不易排出。由于水流冲刷、高矿化度地下水的侵蚀、冻胀破坏，渠底鼓胀、隆起、开裂，渠坡下部混凝土严重开裂、剥落，渠床岩石软化，部分渠段渠坡后侧渠床疏松、塌陷，渠坡混凝土开裂垮塌。

　　根据本段渠道特殊的工程水文地质条件和冻胀破坏特点，改造时采用预制混凝土板套衬，并在下部设置排水盲沟加设排水花管的改造方案。具体做法是将渠道边坡系数由 1：0.5 调整到 1：0.6，拆除已开裂、剥落、垮塌的渠底及渠坡混凝土，并开挖清理渠床软化、疏松层至坚硬岩石，用 M10 水泥砂浆砌块石加固衬砌拆除部位的渠坡，渠底现浇 12cm 厚 C15 混凝土；保留与渠床粘贴牢固部位的原渠坡混凝土结构层，并将其凿毛冲洗干净；用 M10 水泥砂浆套衬 C15 混凝土预制板，渠坡下部及渠底和渠坡上部及封顶板 C15 混凝土预制板的厚度分别为 10cm 和 6.3cm。渠底下部设置深 80cm 的梯形砂碎石反滤排水沟，沟内设置 2 条 $\phi$160PVC 排水花管，排水花管上包裹一层反滤布，将渠道地下水汇入排水沟（管）内再排入横穿总干渠 12+748 处的灌区总干排水沟，以保证渠道衬砌结构免受地下水的侵蚀。

采用以上渠道改造措施后，解决了渠道的冻胀问题，渠道、渠坡整体结构稳定，渠道内再无地下水出露，渗漏水损失减少，渠道水流顺畅，渠道的输水能力显著提高，安全运行得到了保障。总干渠的防渗放冻胀横断面结构图如图 5-18 所示。

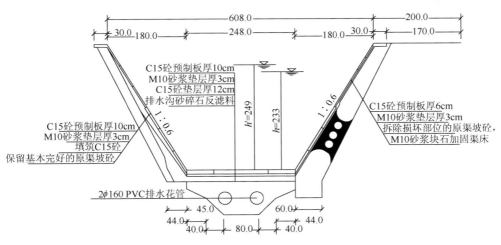

图 5-18　总干渠横断面结构图（cm）

## 5.3.2.2　总干渠

西干八支渠全长 18.8km，渠道设计纵坡 1/2000，渠道断面为梯形，边坡系数 1∶1.5，预制混凝土板衬砌，糙率 0.017。渠床均为亚砂土夹亚黏土地基；渠道两侧因受周围农田灌溉回归水影响，地下水较高。

西干八支渠 0+000～2+700 段渠道设计流量 1.8m³/s，加大流量 2.1m³/s，设计水深 104cm，加大水深 111cm，底宽 50cm，渠深 150cm。该段渠道地下水位较高，受冻胀破坏，原衬砌混凝土板开裂、滑塌破坏严重，直接影响渠道的安全运行和输水能力。改造时采用预制 C15 混凝土板、聚乙烯塑膜防渗层、30～60cm 砂砾石层置换渠底冻土层的防渗防冻胀改造方案，如图 5-19 所示。

西干八支渠 15+016～16+476 段渠道设计流量 1.08m³/s，加大流量 1.18m³/s，设计水深 83.7cm，加大水深 87cm，底宽 50cm，渠深 120cm。由于渠道两侧紧靠农田，道路狭窄，砂砾石垫层运输及渠床基础开挖难度大，改造时采用铺设聚苯乙烯硬质泡沫保温板防渗防冻胀衬砌结构，渠道衬砌结构从下到上依次为 8cm 厚聚苯乙烯硬质泡沫保温板、0.18mm 厚聚乙烯防渗膜、3cm 厚 M5 水泥砂浆垫层、6.3cm 厚 C15 混凝土预制板，如图 5-20 所示。

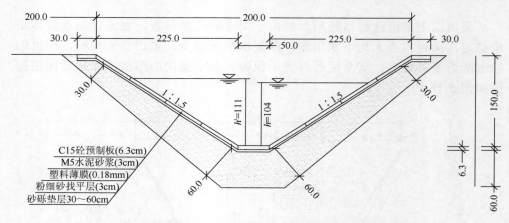

图 5-19　西干八支渠 0+000～2+700 渠段横断面结构图（cm）

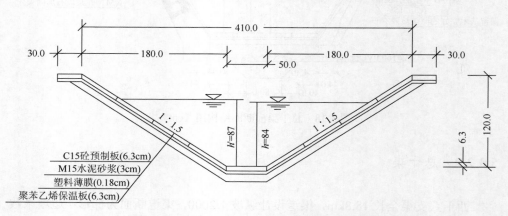

图 5-20　西干八支渠 15+016～16+476 渠段横断面结构图（cm）

## 5.3.3　渠道防渗防冻胀技术应用效果

　　景电灌区在续建配套与节水改造工程实施中，针对不同地质及运行情况，采取不同的防渗抗冻胀措施，渠道的运行安全可靠，杜绝了渠道的冻胀问题，渠道的渗漏水损失大为降低，提高了渠道的输水能力和灌溉效率。其效果主要表现在如下几方面：

　　（1）对挖方且有地下水的渠道，采用换填砂碎石、渠底设置盲沟及排水花管，铺设聚乙烯防渗膜、混凝土预制板衬砌等防渗防冻胀措施，可以有效地防止渠道的冻胀并减少渠道水渗漏，大大提高渠道运行的稳定性和输水能力，保障渠道的安全运行。

　　（2）对强冻胀且地下水位高的渠道，采用大体积的砌石衬砌并运用排水盲沟及排水花管将地下水排出渠道的抗冻胀措施，可以有效地降低渠道地下水位，大大提高渠道的抗冻胀能力，从而保证渠道运行的稳定性和输水能力。

（3）对于渗漏、冻胀破坏严重、渠道运行水深较小且砂碎石运输和渠道开挖难度大的渠道，采用聚苯乙烯硬质泡沫保温板、聚乙烯防渗膜、水泥砂浆垫层，混凝土预制板衬砌等防渗防冻胀措施，可以减轻施工的难度，并能够有效地解决渠道的防渗防冻胀问题，提高渠道运行的稳定性和输水能力，从而保证了渠道的灌溉能力。

（4）对于原现浇混凝土衬砌、地下水位较高且渗漏、冻胀破坏严重的渠道，采用水泥砂浆套衬混凝土预制板并运用排水盲沟及排水花管将地下水排出渠道的抗冻胀措施，可以有效地降低渠道地下水位，大大提高渠道的抗冻胀能力和渠道运行的稳定性，有效地改善了渠道的运行状况。

（5）对于半挖半填、傍山和穿山岩石渠床且弯道较多的渠道，采用裁弯取直和铺设聚乙烯防渗膜、水泥砂浆垫层、混凝土预制板衬砌等防渗防冻胀措施，有效地减少了渠道的渗漏水损失，提高了渠道的输水能力，同时有效防止了由渗漏水的冻胀与消融对渠道造成的冻胀破坏，大大提高了渠道的安全运行系数。

景电灌区渠道防渗防冻胀改造前后的对比见图 5-21 和图 5-22。

图 5-21 景电灌区渠道防渗防冻胀改造前渠道冻胀情况

图 5-22 景电灌区渠道防渗防冻胀改造后情况

# 5.4　渠道冻害处治技术应用模式

通过对我国北方季节性冻土区渠道防渗防冻胀技术应用情况的调查分析，渠道防渗防冻胀技术应用比较广泛的措施主要有置换、保温、排水以及采用适应冻胀变形的断面形式等。在渠道防渗工程冻胀破坏严重的地区，采用单一的防渗材料和防冻胀结构形式一般很难达到理想的防冻胀目的，许多灌区在节水改造工程中，根据渠道所在地的土壤质地及气象水文特点，因地制宜，采用两种或两种以上防渗材料及防冻胀复合结构形式，起到了很好的防渗防冻胀效果（郭慧滨和何武全，2010），以下介绍中国灌溉排水发展中心所总结的渠道防渗防冻胀技术的基本应用模式。

## 5.4.1　基土置换技术的应用模式

置换措施是在冻结深度内将渠道防渗衬砌板下的冻胀性土换成非冻胀性土的一种方法，置换材料宜采用砂砾石或中粗砂。级配良好且纯净的砂砾石或中粗砂垫层不仅本身无冻胀，而且能排除渗水和阻止下卧层水分向表层冻结区迁移，所以能有效地减少冻胀，防止冻害现象的发生。图 5-23 为混凝土衬砌板+置换材料防渗防冻胀结构形式，该结构形式是灌区续建配套与节水改造中应用最普遍的防冻胀技术措施。当冻结深度较大时，为完成消除冻胀影响，需要全部置换冻结深度内的冻胀性土，因此，工程量较大，一般不经济。在灌区节水改造中，新疆、内蒙古等地采用戈壁料和风积沙作为置换材料，不仅起到了很好的防冻胀作用，而且降低了工程投资（郭慧滨和何武全，2010）。

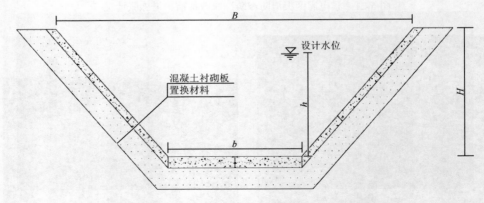

图 5-23　混凝土衬砌板+置换材料防渗防冻胀结构形式

该渠道防渗防冻胀结构形式适用于季节性冻土地区、渠基土为冻胀性土、地下水位较低、附近有砂砾石或中粗砂等非冻胀性土的大中型渠道。置换措施应用时要注意，当置换层有被淤塞危险时，应在置换体迎水面铺设土工膜或土工织物保护；若置换层有可能饱水冻结时，应保证冻结期置换层有排水出路，即需要设置排水措施。

## 5.4.2　渠道保温技术的应用模式

保温措施是在渠道衬砌体下铺设隔热保温层，阻隔大气与渠基土的热量交换，提高衬砌体下基土温度，削减或消除冻胀，防止发生冻害。灌区续建配套与节水改造中，采用保温措施防冻胀已得到大量应用，如新疆、甘肃、内蒙古、黑龙江等省（区）的灌区采用聚苯乙烯泡沫板保温防冻胀，取得了良好的防冻胀效果。聚苯板具有吸水性小、强度高、耐腐蚀和抗老化等优点，根据试验资料，1cm 厚的泡沫塑料保温层相当于 14cm 厚填土的保温效果，具有良好的保温效果。图 5-24 为混凝土衬砌板+砂浆过渡层+聚苯板防渗防冻胀结构形式。

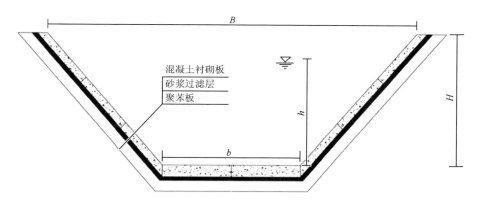

图 5-24　混凝土衬砌板+砂浆过渡层+聚苯板防渗防冻胀结构形式

聚苯板价格较高，因此，该结构形式适用于在采用其他防冻胀办法不经济或遇到一些特殊地段时，如在冻深较大、缺少砂石地区或地下水浅埋地区的大中型渠道。保温措施应用时要注意，多数保温材料的保温效果随着潮湿及吸水率的增大而降低，特别是当地下水位较高时，由于地下水的长期浸泡会使其导热系数增加，进而降低其保温效果，因此，一般应与塑料薄膜或复合土工膜配合适用，防渗防冻胀效果更好。

### 5.4.3　渠道排水技术的应用模式

当地下水位高于渠底，或地下水位虽不很高，但渠基土透水性差，渠道的渗漏水和浸入渠基的雨水不能很快渗入基层深处时，应根据渠道所处的地形和水文地质条件，按不同情况设置排水设施，以达到排泄畅通、疏干地基、冻结层无水源补给的目的。灌区续建配套与节水改造工程建设中，采用排水措施防冻胀技术也得到广泛应用，许多灌区结合渠道的具体特点，采取了形式多样的排水措施，取得了很好的防冻胀效果。

新疆金河沟引水干渠采用竖向排水井连通置换垫层和深层砂砾层的排水系统，如图 5-25 所示，起到了良好的排水防冻胀效果。该渠道所处地方地下水位深，渠床土质为壤土，厚度 5～7.5m，以下为埋藏很厚的砂砾层，衬砌体下铺设了 20～50cm 厚的砂砾垫层，每 25m 渠段设一道竖井与土层下面的砂砾层连通。竖井断面为矩形，长 1.2～1.8m，宽 1.1～1.9m，内填粗砾石和卵石。经运行，排水效果很好。但这种型式适应于地下水位较深，并且在渠底不深处具备砂砾石地层的条件。

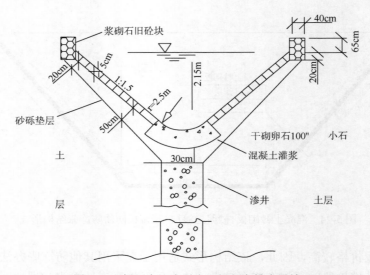

图 5-25　新疆金河沟引水干渠竖向排水设施

甘肃景电灌区总干渠 4#隧洞出口至独一农间渠道采用排水盲沟+排水花管的排水系统，如图 5-26 所示，起到了良好的排水防冻胀效果。该段渠道处于全灌区最低洼地段，为深挖方岩石渠道，地下水高出渠底 0.3～0.5m，且不易排出。灌区在节水改造工程中，渠底下部设置深 80cm 的梯形砂碎石反滤排水沟，沟内设置 2 条 $\phi$160 PVC 排水花管，排水花管上包裹一层反滤布，将渠道地下水汇入排水沟（管）内再排入横穿总干渠 12+748 处的灌区总干排水沟。采用以上排水措施后，渠道内再无地下水出露，彻底解决了渠道的冻胀问题。

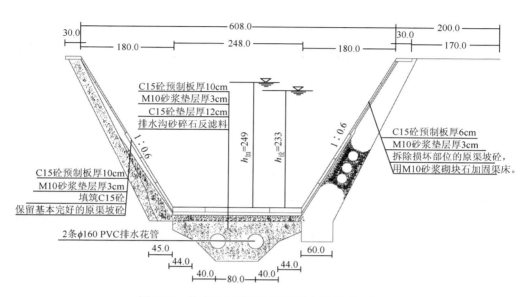

图 5-26　甘肃景电灌区总干渠排水设施（cm）

### 5.4.4　防冻胀结构形式的应用模式

适应冻胀变形的断面形式主要有 U 形断面、弧形坡脚梯形断面和弧形渠底梯形断面等，这些断面形式在灌区续建配套与节水改造工程中都得到广泛应用。图 5-27 为常用的几种适应冻胀变形的断面形式。

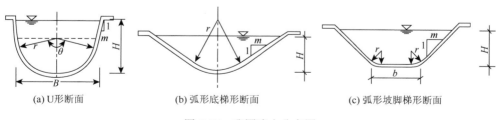

(a) U 形断面　　　(b) 弧形底梯形断面　　　(c) 弧形坡脚梯形断面

图 5-27　我国冻土分布图

U 形断面一般适用于小型渠道，弧形渠底梯形断面适用于中型渠道，弧形坡脚梯形断面适用于大型渠道。适应冻胀变形的断面形式应用时应注意，对于冻胀量不大的填方渠道可单独适用，在冻胀量较大时，弧形坡脚梯形断面和弧形渠底梯形断面一般应与其他防冻胀措施配合适用，才能起到更好的防冻胀效果。

### 5.4.5　渠道冻害综合处治技术的应用模式

采用单一的防渗材料和防冻胀结构形式，一般很难达到理想的防渗防冻胀效果，下面是几种在灌区节水改造中应用比较成功的渠道防渗防冻胀复合结构形式（何武全等，2012）。

（1）渠道边坡混凝土衬砌+渠底柔性结构防护衬砌渠道边坡的结构形式是在进行渠道衬砌防渗时，渠道边坡采用混凝土衬砌，渠道底部采用非刚性材料防护的方法。这种结构形式适用于大中型渠道，在应用时应分以下两种情况：

第一种情况为地下水位高于渠底时。渠道边坡宜采用混凝土板+置换材料，渠底采用透水材料防护。这种情况时不宜采用混凝土衬砌+膜料全断面防渗，防冻胀也不宜采用聚苯板保温措施。图 5-28 为新疆北屯灌区三干渠防渗防冻胀形式，渠道边坡采用现浇混凝土板+戈壁料垫层，渠底采用雷诺护垫填充砾石。这种结构形式具有防冻胀、渠底防冲、排水等作用，渠底适应冻胀变形能力强，一般适用于季节性冻土地区、地下水位较高、渠道纵坡较大的大中型渠道。

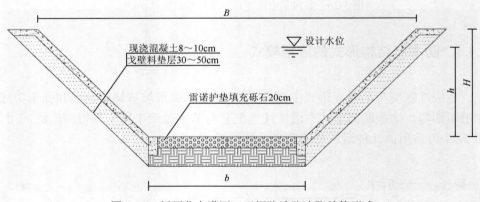

现浇混凝土8～10cm
戈壁料垫层30～50cm
▽ 设计水位
雷诺护垫填充砾石20cm

图 5-28　新疆北屯灌区三干渠防渗防冻胀结构形式

第二种情况为地下水位低于渠底时。渠道边坡宜采用混凝土板+膜料+置换材料或混凝土板+膜料+聚苯板，渠底采用膜料防渗+土料保护层防护。图 5-29 为内蒙古河套灌区永济干渠防渗防冻胀形式，渠道边坡采用预制混凝土板+膜料+聚苯板，渠底采用膜料防渗+土料保护层。这种结构形式防渗、防冻胀效果好，投资较少，一般适用于季节性冻土地区、地下水位较低、渠道纵坡较小、宽浅式的大中型渠道。

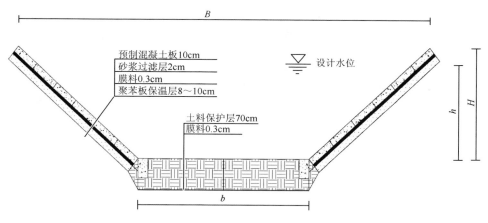

图 5-29　内蒙古河套灌区永济干渠防渗防冻胀结构形式

（2）弧底梯形预制混凝土板+膜料防渗结构。弧底梯形是一种能够适应冻胀变形的渠道断面形式，渠道弧底一般采用现浇混凝土，其适用于渠基冻胀变形较小的中小渠道防渗防冻胀。但是，有的灌区所处地区冬季寒冷，不宜施工，春、夏、秋季渠道停水时间很短，不能满足现浇混凝土衬砌渠道的时间要求，使其推广应用受到很大限制。图 5-30 为内蒙古河套灌区采用弧底梯形预制混凝土板+膜料防渗结构形式，其全断面均采用预制混凝土板，实施结果表明，这种衬砌结构形式既有很好的防渗防冻胀效果，又克服了现浇混凝土渠底需要时间较长的缺点。

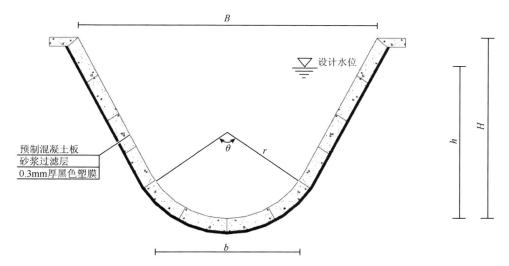

图 5-30　内蒙古河套灌区预制混凝土弧底梯形衬砌结构形式

（3）膨润土防水毯+土料保护层。膨润土防水毯+土料保护层渠道防渗防冻胀结构形式适用于冻胀破坏比较严重的地区、渠道纵坡较小的大中型渠道。这种结构形式防渗防冻胀效果好，投资较少，一般比混凝土板+膜料+聚苯板结构形式投资可以降低约 30%。图 5-31 为内蒙古河套灌区永刚分干渠防渗防冻胀结构形式，其采用膨润土防水毯防渗、塑性固化土作为保护层的结构形式，具有很好的防渗防冻胀效果。

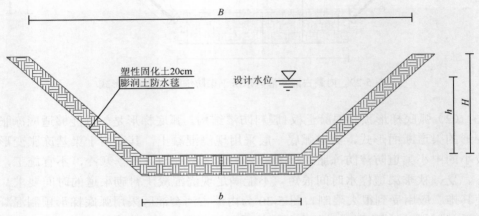

图 5-31　内蒙古河套灌区永刚分干渠防渗防冻胀结构形式

# 第六章　渠道的冬季输水

纬度较高地区的渠道调水工程在冬季面临结冰问题，渠道中冰的出现会使得水流条件发生变化，同时水流条件也会影响渠道的冰盖发展模式和冰情状态，在一定的气象条件下，渠道中冰、水相互作用。冬季冰期输水不仅会减小输水流量从而降低输水效益，而且还面临冰塞、冰坝等冰害问题。但是随着我国经济的发展，有一些长距离调水工程已经在实施或正在面临冬季输水问题，例如，京密引水工程、引黄济青工程、引滦入津工程、南水北调中线总干渠黄河以北段等。冬季冰期输水是一个十分复杂的研究课题，这里只介绍冬季冰期输水的一些基本理念。

## 6.1　渠道冬季输水面临的冰问题

### 6.1.1　河流冰问题

冰凌是一种自然现象，在地球的水圈中，冰占有重要的位置，是水循环中重要的淡水水体。在地球上，成冰的位置在南纬 40°以南，北纬 40°以北，但是分布不均。我国是冰凌灾害比较严重的国家之一，北纬 30°以北的地区，每年都有不同程度的成冰现象。

河流中冰的出现是寒区水资源开发中要考虑的重要问题。河冰产生的主要灾害是冰凌洪水，并且影响水电站发电、内陆航运、生态环境以及河床演变等。特别是在我国的华北、东北、新疆地区的河流及一些大型调水工程在冬季河流封冻、开河时期，冰塞和冰坝出现频繁。冰凌灾害一般是由河流的冰塞和冰坝引发的冰凌洪水灾害，这种灾害危害很大，它们的形成会阻塞水流的过水断面、引起水位上升、淹没农田房屋，使沿岸水工建筑物和设施破坏，造成航运中断、水力发电损失，还可能因堵塞引水口使水厂供水中断等。

冰凌灾害给我国经济发展和广大人民群众生命财产安全造成极大的损失。据不完全统计，1950 年以来共发生较大的凌汛灾害 100 余次，直接经济损失 20 多亿元，年均发生 1.6 次。2008 年 1～2 月，新疆伊犁河干流冰凌从下游上溯淤塞河道，多次形成冰凌洪水，灾害使得河流两岸 8000 多居民被迫搬迁转移，直接经济损失达 3800 多万元。随着我国经济的快速发展，河道两岸建设日益繁荣，工农业活动更加频繁，我国的冰凌洪水灾害正在导致越来越严重的经济、财产、资源损失和人员伤亡。特别是近些年，冰灾从南方到北方都有发生，极端冰灾势头增加。

　　河冰现象包括冬季从流凌、封冻到开河的河冰演变过程的不同阶段，图 6-1 给出了冬季河冰增长和消融的过程。从图上可以看出对于河流冰形成的三条主线：①积雪，它形成河冰主要是因冰上积雪所致。②静水中冰，该冰形成过程先出现冰花，冰花堆积形成冰盖，冰盖推进形成稳定封河过程。开河过程和下面紊流中规律一致。③紊流河中，冰的形成过程是先出现水内冰，主要有流冰、冰盘、锚冰和絮状冰，随后可能形成冰坝、冰桥，冰盖下冰堆积和推移，可能会导致出现冰塞。开河时水流紊动剧烈，会形成武开河，反之形成文开河。当然三个主线不是孤立发展的，在一定条件下相互转化，所以河冰的形成发展过程影响到水利工程设计、运行和维护。

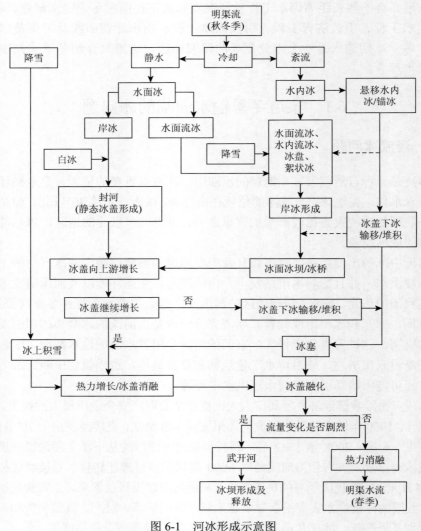

图 6-1　河冰形成示意图

## 6.1.2 渠道输水中的冰塞和冰坝问题

高纬度地区输水明渠在冬季的运行方式有结冰盖输水和无冰盖输水两种。结冰盖输水是最常用的冬季渠道运行方式，通过形成稳定冰盖，让水体与大气隔离，使输水在冰盖下完成。无冰盖输水指不让渠道结成冰盖，渠道采用冰水二相流的方式运行，或使水体与大气隔离，以暗渠方式运行。目前，大部分冬季输水渠道都采用结冰盖输水方式，保证冰盖的稳定性是渠道冬季安全输水的前提条件。在河流和渠道在冰期运行过程中，如果控制不当，在倒虹吸管、闸门、渡槽下游、曲率半径小的弯道等局部建筑物容易发生冰塞、冰坝等灾害，从而导致水位骤升、水流漫顶，甚至造成堤坝决口、供水中断和渠道及建筑物损坏。

### 6.1.2.1 冰塞的定义、成因和特点

冰塞是渠道冰盖以下堆积的大量冰花、冰屑和小碎冰阻塞过水断面，使冰塞渠道及其上游的水位壅高的现象（戴长雷等，2010），如图 6-2 所示。

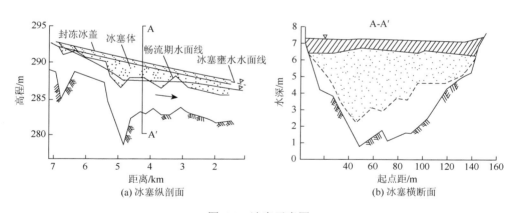

(a) 冰塞纵剖面     (b) 冰塞横断面

图 6-2 冰塞示意图

冰塞形成有两种情况：一种是在流凌期，因冰花在冰盖下堆积，有些渠段冰缘移动受阻而水坡面被抬高，以及在有桥梁、倒虹吸、拦污栅、断面变窄等处容易形成冰塞；一种是在融冰期，因为大量碎冰在冰盖下聚集，易在弯道、束窄段形成冰塞。不管哪一种，其必要条件是水流的流速较大，水流的紊动作用较强，冰屑、冰花能够被吸入并停留在冰缘下面，这个流速临界值在 $0.6 \sim 0.7 \text{m/s}$。

冰塞现象具有以下特点：①冰塞既可向上游发展，也可向下游缓慢推移；②冰塞形成后，渠道有一定的过流能力，若上游来水量大，过流能力有限，致使水位迅速壅高，严重时造成一定的灾害；③冰塞持续时间较长。

## 6.1.2.2 冰坝的定义、成因和特点

冰坝是由大量流冰块下潜、堆积、挤压、堵塞河道，形成巨大的冰堆积体，致使渠道的过流能力锐减（或几乎为零）的现象（王长德等，2005），如图6-3所示。

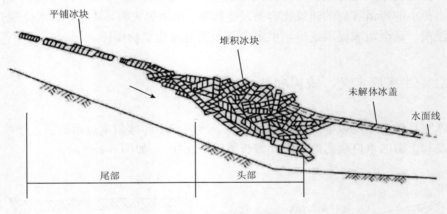

图 6-3 冰坝示意图

冰坝与冰塞的影响因素大致相同，但形成的机制、影响的程度不同，组成要素也不同，冰塞较冰坝更容易形成，需要的指标低。冰坝的形成极其复杂，涉及因素众多，概括起来主要有渠道特征、动力因素（水位、冰量、流量等）和热力因素（气温）。冰坝的形成是多种因素综合作用的结果，其中渠道特性是基本不变的因素，动力因素和热力因素是变化因素。

冰坝现象具有以下特点：①冰坝多发生在开河时，因此可形成凌汛大洪水；②冰坝横跨整个或大部分断面，水位急剧上升。

# 6.2 冰期输水模式

## 6.2.1 冰期输水特性

长距离输水明渠在冬季会出现结冰现象，渠道中冰的出现会改变原有水

流条件，同时水流条件也会影响渠道的冰情状态和冰盖发展模式。一方面，长距离渠系跨度大，覆盖多个纬度，同一典型年渠系沿线的冰期程度不同；另一方面，气象条件在年际之间也有差异，不同的冷暖气温也会影响渠系的冰情和水情（刘国强等，2013）。

1）不同年份冰情各异

冬季根据气象条件可分为冷冬、平冬和暖冬三种。对同一输水渠系，不同的典型年气象条件不同，导致渠系冰情（结冰范围、初冰时间、冰期长度、冰盖厚度等）也不同。冷冬年气温较低，初冰时间早，结冰渠系范围广，冰盖厚度大，冰期持续时间长；暖冬年气温较高，冰花浓度小，冰盖形成缓慢，初冰时刻晚，结冰渠系范围小，冰盖较薄，冰期持续时较短；平冬年介于两者之间。

2）不同地点冰情各异

同一典型年下，对于南北方向输水的长距离输水渠系，平均气温随纬度的升高逐渐降低，沿线的冰情体现出与各自地区气候特征相适应的特点。中国的南水北调中线工程便是典型代表，其总干渠从陶岔到北京的团城湖由南向北跨越 8 个纬度（北纬 32°～40°），越往下游，纬度越高，冬季温相对较低，冰情越严重。刘之平等（2010）研究了冷冬年黄河以北自上游向下游（由南向北）的 4 个渠池，安阳河节制闸-漳河节制闸、潴泷河节制闸-交河节制闸、沙河节制闸-漠道沟节制闸、北易水节制闸-坟庄河节制闸冰期输水时间分别是 75d、86d、89d、97d，最大冰盖厚度分别是 0.29m、0.39m、0.49m、0.48m。

3）冰情随时间变化

冬季，渠道冰情随着时间不断变化，一般分为四个阶段：流冰期、初封期、稳封期、融冰期。冬季第一次寒潮来临时，气温骤降，渠道内由北向南出现冰絮、冰花，冰花浓度不断增大，当流速降低后，冰花聚集开始形成冰盖，便进入初封期；随着温度进一步降低，冰盖的强度不断增强，最终形成稳定的冰盖，便进入稳封期；随着春季气温回暖，渠系从南向北开始出现融冰，冰盖厚度变小直至全线消融。这四个阶段并不存在严格的界线，有时会反复交叉出现。即使在同一天，冰盖的厚度也有变化，白天受太阳辐射影响，冰盖厚度变小；晚上气温低，冰盖厚度又增大。

4）冰、水相互作用

冰情常常随着气温的变化而不断变化，变化中的冰情会显著地改变水流的运动状况。因此，在一定的气象条件下，渠道的冰情发展过程体现着冰、水的相互作用。随着冰盖的形成、发展和消融，导致渠道的糙率不断变化，进而使水面线也在变化，同时渠道的流量和蓄量也可能发生变化。同时水位、流量、流速等水流条件的变化也影响着冰的形成和发展。

5）冬季输水渠道冻胀破坏特点

冬季不过水衬砌渠道冻胀破坏都发生在边坡板下 1/3 范围内，而冬季输水渠道冻胀破坏基本上都发生在边坡板的中 1/3 范围内，见图 6-4。这是因为冬季枯水期时，河流来水量小，渠道冬季能引输水的流量往往不超过渠道的设计流量的 1/5，此流量对应的渠道水面线均在边坡板中 1/3 的下部位置上波动。在此水位线以上的渠坡土处于强烈的冻胀区。和冬季不输水的衬砌渠道相比，冬季输水的衬砌渠道的冻胀量要大得多，鼓起的很高，往往在边坡板的中部形成一个二台，鼓起的衬砌板下，在冬季输水时是冰和泥混合物，春季消融后是稀泥和空洞，如图 6-4 所示（宋玲和余书超，2009）。

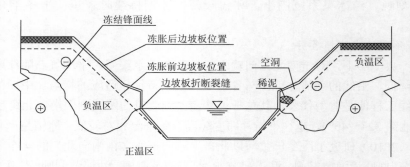

图 6-4　冬季输水渠道边坡冻胀破坏与变位横断面图

## 6.2.2　冰期输水模式

寒冷地区渠道在冰期输水有四种方式：输冰方式、冰盖下输水、抽水融冰和管道或隧道输水（刘孟凯，2012），如图 6-5 所示。

图 6-5　渠道冬季输水模式

1）输冰模式

输冰方式是指渠道内的产冰量全部随水流输向下游的输水模式。当冬季输水流量下的水流弗劳德数大于临界弗劳德数时，渠道产生的冰花和从上游引入的冰凌会向下游运动，即为输冰方式。这种方式下，要求水流的弗劳德数大于 0.15 或者流速大于 1m/s，水深一般也要大于 0.5m。输冰方式需考虑渠道的输冰能力，渠道的输冰能力与渠道底坡、几何尺寸、流速和来冰形状和尺寸有关。如果流向下游节制闸的冰花或冰凌大于渠道的输冰能力，来冰量将不能排出或不能全部排出，冰花或冰凌将会堆积在节制闸前，并随着其增多沿渠道向上溯源堆积，形成冰塞，严重时可布满整个渠池，控制不当会产生漫顶事故。

引黄济青工程在运行初期，采用输冰运行，带来以下问题：①渠道产生的冰塞壅水过高，水位超过渠道的衬砌高程，威胁堤防安全。引水渠道上设有众多建筑物，溜冰不能顺利通过，在建筑物前形成冰塞。冰塞阻水较为严重，致使水位升高到渠道衬砌高程以上，浸泡土堤，对土堤安全构成威胁。②泵站前的拦污栅被冰堵塞，影响泵站进水。③启闭设备被冰冻结，造成运转不灵活，危及建筑物安全。

输冰运行方式主要适用于流量较大的小型渠道工程，在运行中存在安全隐患。但一些长距离输水渠系，沿线有众多节制闸和倒虹吸等建筑物，若采用输冰方式运行，为提高渠池的输冰能力从而使冰量全部下泄，就需提高流速。这种情况下，冰块会钻入倒虹吸内而可能导致过水断面堵塞，大流速下的流冰会由于冰的撞击力对桥梁和闸室造成破坏，且渠道的最大输冰能力可能小于渠池生冰量，以上原因都可能诱发冰灾，所以长距离输水渠系在冬季输水时不建议采用输冰模式。

2）冰盖下输水

在国外，原苏联修建的额尔齐斯-卡拉干达、北顿涅兹-顿巴斯等 17 条运河，长度均在几百公里，冬季输水均在冰盖下运行；在国内，我国的引黄济青冬季输水、京密冬季引水和引滦入津冬季输水工程也通过采取各种措施来控制流量、减少流速和稳定水位，实现了冰盖下的安全输水。

3）抽水融冰

抽水融冰模式主要是用热水或抽取当地温度较高的地下水汇入渠道内以缓解渠道内的冰情。适用于小型渠道，这种方式经济代价比较大，同时会增加渠道内流量与水泵设备的投入，适用于来冰量较小的渠道。同时，调水工程本身就是为解决受水区的水资源短缺问题，减小地下水开采量，采用抽水融冰的方式与调水的初衷本身就存在矛盾，因此这种方式对长距离输水渠系不适用。

4）管道或隧道输水

长距离输水渠系采用管道或隧道的造价非常高，一般都采用明渠输水方式，但是随着我国经济的发展，部分地区对水资源的调配需求十分强烈，部分地区也开始采用长距离管道或隧道来建设冬季输水管道，例如，我国西北地区某大型河流就计划采用长距离深埋隧道进行冬季输水，计划投资 100 多亿元，距离长达近300km。

### 6.2.3　冰盖的分类

在寒冷气候下，水体不断失去热量，渠道中的过冷水开始形成冰花，在合适的渠道水流条件、地势条件等共同作用下，就会形成冰盖。冰盖有静态和动态两种形态（茅泽育等，1996）。

1）静态冰盖

在渠道缓流区，过冷水表层形成冰晶，冰晶停在水面以较缓慢的方式生成的冰盖，这种形态的冰盖即为静态冰盖，其生消过程受热的影响非常大。形成初期表现为岸冰形式，据 Michel 等在圣安·安纳河上的观测，影响岸冰产生、发展过程的五个基本因素分别是：局部热交换、岸边边缘的流速、冰花生成率、河段的几何形状以及水深。在实际观测基础上认为，当岸边水流流速小于 0.2m/s 时，岸冰可自由发展，而在 1.2m/s 时则停止发展。

2）动态冰盖

进入初冬，过冷水开始形成冰花冰絮并沿渠道输移，并多数浮于水面。渠道产冰量随着气温不断下降而渐增多，进而流冰密度不断增大。在渠系建筑物、断面束窄处、拦冰索、桥梁等处，密集的流冰可能会发生卡堵并形成冰桥，自上游不断向下游输运的冰花即从该处平铺上溯，形成封冻冰盖，并不断向上游发展，这种形态的冰盖称为动态冰盖。冰盖由冰桥处向上游推进的速度取决于上游来冰速率、冰盖厚度及水流条件。当流速缓慢的渠段形成光滑的冰盖，而在流速较急的渠段，形成的冰盖则起伏不平。

### 6.2.4　动态冰盖形成模式

由于上游来冰类型和水流条件以及气温条件不同，渠道中动态冰盖向上游发展通常有三种不同的形式：平封模式、立封（水力加厚）模式和机械力加厚模式。

1）平封模式

平封冰盖是当流速较低时（$u < u_{max}$），渠道水体表面会在断面平均水温下降到零度前形成表面冰，可以是静态的也可以是流动的，在遇到阻碍物后向上游发展形成单层冰盖。平封冰盖多发生在水流平缓的渠道上，该模式下封冻冰盖表面比较平整，封冻前一般先产生冰桥，流动冰花或冰块沿冰桥平封上溯，导致渠段封冻；或者渠道边坡岸冰较宽，当天气骤冷时，敞露水面迅速冻结。平封冰盖由单层冰盘并置形成，冰盖糙率较小，封冻较快，有利于渠道快速转为冰盖下输水，不会产生冰塞而诱发冰灾，有利于渠系的运行安全。控制渠系又具备了通过调节

节制闸改变流量的条件。因此，为确保渠系工程冬季运行安全，一般采用小流量和大水深下以平封形式生成冰盖，进而转入冰盖下输水的方式。

2）立封模式

立封模式又称窄封模式，还有的称为水力加厚模式。当流速增大，渠道内水流紊动加剧，水体内出现过冷水而先形成水内冰，水内冰不断聚集和增大，有些上升到水体表面形成表面冰盘，并在冰花浓度大和水流条件适当的断面处首先堆积成冰盖；如果冰盖前缘流速 $u$ 大于平封临界速度值 $u_{max}$，冰块可能翻转、下潜，则来冰到冰盖下方进行输移，并在合适的水力条件下吸附到冰盖下表面使冰盖局部增厚，有可能导致大冰塞体的形成，冰盖上游不断壅水直到冰盖前缘的流速小于第一临界流速，冰花在冰盖前缘堆积，冰盖继续向上游发展。

立封模式下封冻冰盖表面参差不齐，极不平整。在封冻过程中，若流速较大，冰花及碎冰易在封冻冰缘前发生堆积，相互挤压、重叠倾斜冻结在一起，使冰盖表面形成大量的冰堆，起伏不平。立封多发生在水流较急的渠段，有时大风也能使宽阔的平原渠段形成立封冰盖。

3）机械力加厚模式

机械力加厚模式也称力学加厚模式。在宽渠道里如果冰盖受力不能平衡，内部强度不能抵抗外力作用时，冰盖破碎，冰块间重新相互挤堆形成新的冰盖或下潜到下游冰盖下方，是冰盖的机械力增厚过程，这个过程类似于武开河过程，可能会形成冰棱，主要与水力条件和冰盖强度有关。

## 6.2.5　平封冰盖运行方式

经上述讨论，确定了长距离输水渠系在冬季采用小流量和大水深条件下以平封形式生成冰盖进而转入冰盖下输水的模式。平封冰盖的运行方式有两种：水上冰盖运行方式和悬冰盖运行方式。

1）水上冰盖运行方式

水上冰盖的运行方式也称水上浮动冰盖运行方式，是指寒潮来临时，将渠道水位抬高，形成平封冰盖，冰盖在水面上并与渠水接触，其重量由渠道内水的浮力和两岸支撑。

2）悬冰盖运行方式

悬冰盖的运行方式是指悬于水面以上的封冻冰盖。渠道在高水位条件下先生成水上冰盖，待冰盖达到一定厚度和强度后再降低渠道内的水位，使冰盖与水面分离，使冰盖架空于水面之上，其重量由两岸支撑。为防止冰盖与水面之间不产生负压，需要在冰盖上打有通气孔，此方法适用于气温很低且流量较小、渠道水面宽度较小的渠道。

## 6.3　冬季安全运行对策

高纬度地区明渠输水在冬季运行时面临冰塞、冰坝的威胁，为实现安全输水，一般采用冰盖下输水的方式，通过平封冰盖将水体与大气隔离，并采取必要的工程措施和管理措施确保渠系的运行安全。

### 6.3.1　工程措施

（1）在闸门前和倒虹吸入口前设置拦冰索。拦冰索是由多个漂浮体串联组成的柔性结构（赵新，2011）。冰期运行时，上游来冰向下游流动时会撞击闸门造成闸门破坏而降低其使用年限，流冰花或冰块可能会在倒虹吸进口处下潜进入并吸附于倒虹吸内部导致上游水位迅速抬升，严重时可能能造成漫溢，因此设置拦冰索，主要是拦蓄流冰，防止其撞击建筑物或进入倒虹吸内，同时有利于将流冰堆积形成冰盖，如图 6-6 所示。

图 6-6　拦冰索（潘庄引黄闸闸前）

（2）设置桥墩拦冰栅。桥墩拦冰栅是在固定的桥墩间设施漂浮性栏栅或者叠梁，阻碍冰凌运动，在结冰期促进冰盖的形成，封冻期增加冰盖稳定性。冰盖形成时间提前，可以减少冰花的生成量，降低结冰期冰坝的形成概率。冰盖破碎时间延后，同样可以降低融冰期冰坝的发生概率。加拿大蒙特尔在 St. Lawrence 河应用的桥墩拦冰栅（Stothart and Croteau，1965），如图 6-7 所示。

图 6-7    St. Lawrence 河桥墩拦冰栅

（3）设置桥导冰坝。导冰坝是在河道中修建的与水流方向倾斜的护岸建筑物（Beltaos，1995），与丁坝相类似，见图 6-8。其作用主要有：①抬升导冰坝上游水位，改变上游水力条件，以有利于维持冰盖稳定性；②结冰期拦截冰絮，促进冰盖的形成；③减少向下游输送的冰凌量。

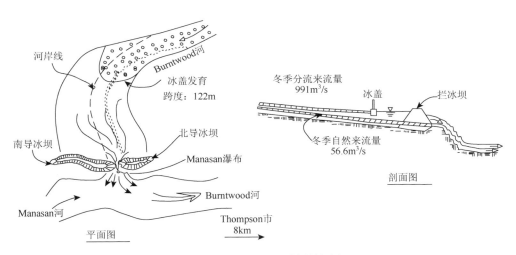

图 6-8    St. Lawrence 河桥墩拦冰栅

在加拿大汤普森（Thompson）市，丘吉尔（Churchill）河与 Burntwood 河汇合处，形成冰害的可能性较高。于是用石料修建了导冰坝，见图 6-9，雍高导冰坝上游水位，在拦冰索的配合下，共同实现了结冰期稳定冰盖的形成。

图 6-9　导冰坝与拦冰索组合使用效果

（4）设置人工岛屿。在河内通过修建人工岛屿的方式促进稳定冰盖的形成，并通过在岛屿位置形成小型冰坝来控制冰凌运动，预防流凌对水工建筑物的破坏，如图 6-10 所示。

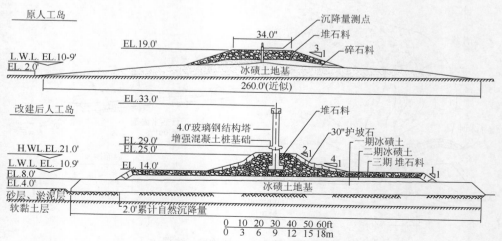

图 6-10　St. Pierre 湖导冰坝与拦冰索组合使用效果

　　圣劳伦斯河从 Beauharnois 水电站流向 St. Louis 湖，由于流速较大，冬季多保持明流状态。在明流段上游流速较小的水域，初冬便会形成稳定冰盖。在西北风作用下，冰盖在冬季会多次破坏。冰凌向下游运动、堵塞，造成凌汛灾害。于是，沿河修建了 3 个人工岛屿，人工岛屿增强了冰盖对水流和风剪切力的抵抗作用，很好地阻止了冰盖向下游运动。St. Pierre 湖也采用人工岛屿的方式维持冰盖稳定性，效果非常好（Danys，1975）。

　　（5）设置拦冰坝与拦冰堰。拦冰坝（图 6-11）是通过阻碍冰凌通过的方式，预防下游形成冰坝危害拦冰坝雍高上游水位，减小上游流速，使冰凌在其上游发生堆积，但不致形成危害，并逐渐融化。拦冰坝最大的优点是无需太多的监控和操作，具有较高的可靠性，其缺点是存在引发上游凌汛灾害的潜在可能性（Cumming-Cockburn，1986）。

图 6-11　拦冰坝

　　拦冰堰是横跨河流的低水头建筑物，堰顶过流。起作用是雍高上游水位，减小流速，为拦滞冰凌，促进稳定冰盖的形成创造条件。拦冰堰通常与拦冰索配合使用。

　　（6）做好闸门的防冻措施。若在闸门前形成冰盖，在进行闸门操作时会破坏冰盖的稳定性，有可能导致破碎的冰块进入闸室，且闸门前结冰会造成钢闸门受冰压力及冻融破坏和由于闸门与门槽间冻结而导致操作不便甚至破坏闸门操作装置，因此必须做好闸门的防冻措施以防止局部发生冻结。常用的方法有:保温法、水体扰动法、蒸汽加热法、设置电热系统、电脉冲法、射流法、提取地下水融冰和在闸门前设置气泡融冰装置等，如图 6-12 所示。有的工程利用潜水泵喷水扰动水体，使闸门前有一段水体不封冻。融冰装置使渠系水温升高，会影响下游渠池的冰情范围、生冰量和冰情发展过程。

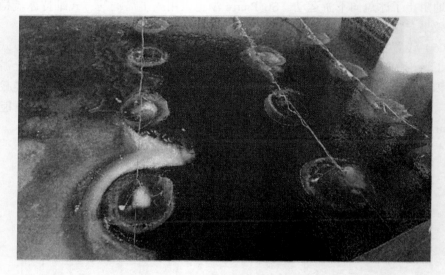

图 6-12　闸门前的防冻装置

（7）对非冰期通水期间已发现的问题进行处理，完成结冰渠段所有节制闸、检修闸、退水闸及防冰除冰设施（如闸门槽加热设备、排冰闸）的调试工作，保证其正常运行。

## 6.3.2　管理措施

（1）统一调度。长距离输水渠系沿线有各级管理机构，冰期运行时建议由中央调度中心统一掌握。若各级机构各行其是，易造成事故而影响输水大局。

（2）稳定流量。在寒潮来临前，降低输水流量，使渠池的最大流速低于平封冰盖形成的临界流速，水流的弗劳德数小于第一临界弗劳德数，为形成稳定冰盖创造良好的条件。冰期运行期间，流量保持稳定。

（3）抬高水位。寒潮来临前在倒虹吸、泵站、涵闸前要控制闸门，壅高水位，但不能超过加大流量下的水位值。

（4）监控水位变化。实时监测水位以保证渠道中的水位在上升和下降的过程中均不危及渠道的安全。在正常运行情况，渠道的水位不能超过设计水位，冰期运行时可以抬高水位，但水面线不应超过加大水位，保证渠系安全平稳运行。渠道中水位的降速应小于安全值，即保证水位降满足小于 0.3m/24h 的要求，保证渠道衬砌安全。

（5）加快发展冰情观测技术，包括水位、流量、水温、冰盖厚度、气温、风向、封冻范围的观测技术，用以改善仿真模型。

（6）建立现场巡逻和遥感观测相结合的管理机制；提高渠系冬季运行管理人员的专业素质。

（7）制定冰期输水应急预案，提高正确应对渠系冰情变化的能力。

## 6.4 国内外调水工程冬季运行经验

近几十年来，随着人们对河渠冰期越来越重视，国内外学者对河渠冰情的形成条件、冰情的发展及引发的水力学问题、冰的力学性质及对水工建筑物的作用等方面进行了大量的研究，取得了丰富的成果。同时，随着国内外寒区调水工程的不断增多，在调水工程冬季冰期安全运行的实践方面也积累了大量的经验。

### 6.4.1 国内调水工程冬季运行经验

#### 6.4.1.1 京密引水工程

京密引水工程是将密云水库水引进北京城区的输水工程（刘之平等，2010），起点为密云水库白河电站调节池末端的袭庄子进水闸，经 25.2km 混凝土衬砌渠道进入怀柔水库，再从怀柔水库峰山口输水闸经 72.1km 的土渠输水至颐和园团城湖南闸，全长 102km。怀柔水库上游渠道设计流量为 70m³/s，下游土渠设计流量为 40m³/s。

京密引水工程由东北向西南引水，纬度范围为北纬 40.1°～40.5°，属暖温带季风气候，冬季输水时间为当年 12 月 10 日到翌年 3 月 10 日。一般在每年 12 月 25 日前后引渠开始出现冰花、岸冰，12 月底渠道基本形成稳定的冰盖，1 月中旬左右，冰盖厚度达 20～25cm；2 月 10 日前后，气温在 3℃左右时，冰盖开始融化；2 月底，渠道的冰全部消融。

结冰初期是京密引水渠输水风险最大的时期。初冬时期的突然降温会使得水体表面结上一层薄冰，此时如果水位波动较大，则可能使得冰面破碎而产生流冰，遇到闸、桥、弯道可能会发生壅堵，使水位抬高 50～60cm，威胁堤防安全。因此冰期输水时需要特别加强输水线路的监控和管理，并通过一系列的调控措施来确保冬季输水的安全。自 1989 年 12 月京密引水工程开始冬季全线输水，至今已经冰期输水 20 余年，多年冰期运行的实践经验主要有以下几点：

（1）加强水力调控，为冰盖的生成创造条件。冬季输水时渠道采用"高水位、低流速、冰盖下输水"的运行方式。在冰盖形成期将流速控制在 0.3m/s 左右，冰盖下输水时流速控制在小于 0.6m/s 或者弗劳德数小于 0.09，且水深大于 1.5m。

（2）为确保冰期闸门启闭灵活，在泄洪闸、节制闸和倒虹吸进水口处可安装潜水泵形成人工扰动。

（3）渠道衬砌的抗冻胀防护。1997 年针对衬砌的抗冻保温防护，对渠道进行了改造，选用了新型保温材料，并适当地调整了渠道断面型式。水下需保温的渠坡用聚苯板保温，对冻胀破坏严重的水位变动区采用砌石面直墙抗冻，不仅效果好，增加了渠道的美观，还减少了工程量和节省投资。京密引水渠还分别于 1997 年和 2000 年进行了渠道衬砌冻胀破坏原型试验，其成果为北京乃至华北地区的输水明渠及南水北调等工程的抗冻保温提供了有益的经验。

## 6.4.1.2  引黄济青工程

引黄济青工程是一项解决青岛市供水问题的大型跨流域调水工程，该工程始建于 1986 年 4 月，1989 年 11 月正式通水。渠首设计引水流量 45m³/s，工程设计只考虑冬季引水，年总引水量 5.5 亿 m³。

引黄济青工程冰期运行方式为冰盖下输水，渠道沿线每隔 10～15km 即设置一座节制闸，通过沿线节制闸来调控渠道的运行水位，既可抬高水位，降低水流弗劳德数，保证渠道冰盖生成和水位稳定，又可使渠道在停水时能够蓄水保温，使水下混凝土衬砌免遭冻胀破坏。为满足输水调度控制要求，适时控制闸门开启，工程还采用了先进的微波通信和计算机联网技术，能够将渠道水位、流量、闸门开启孔数、闸门开启高度、装站运行参数等实测数据快速传输至各控制站，并由控制站发出指令控制闸门升降。

据引黄济青工程的现场观测，渠道冰盖厚度一般为 0.2～0.5m，随各年气温不同而异。初冬时刻冰盖下糙率为 0.011～0.017，过水历时较长时冰盖下糙率基本稳定在 0.010。结成冰盖后，渠道的过流能力一般减小 1/3（设计 38m³/s，实际为 28～30m³/s），而相同流量下（38m³/s）水位将抬高 0.5～0.8m。引黄济青工程运行时也遇到过一些冰害问题（汪于鸿等，1995），如 1991 年冬季，小新河两孔闸门被冻，启闭困难，大量流冰汇集于闸前，致使闸门上下游水位差高达 2m，危及该闸以上堤防的安全；再如 1992 年冬季气温低，渠道产冰多，胶莱河至联合沟段 4.7km 的渠道和小新河所管理段 5.4km 的渠道，发生因冰塞造成的冰期壅水，最高水位超出了原设计衬砌板顶。引黄济青工程自 1989 年 11 月正式通水，目前已安全运行 20 余年，冬季安全输水的运行经验，主要有以下几点：

（1）稳定流量，保证水位稳定，是冰期输水的关键。冰期运行时要求各泵站之间的流量匹配，避免渠道水位发生较大的波动。冰盖形成后要避免分水，增加或减少输水流量都要缓慢改变。

（2）保持沿线各控制闸站前的水位在设计水位以上，并减少输水流量。闸站前池水位保持高于设计水位 0.5m 运行，以免泵站前形成较低的冰盖影响过流，同时抬高水位亦可减小水流弗劳德数，有利于冰盖的形成。

（3）冰盖形成期如果不对渠道水位进行调控，难以保证下游已经生成的冰盖的稳定。融冰时，由于渠道长，各地温度不同，融冰时间早晚不一，上游融冰下泄量增加而下游尚有冰盖，则易出现险情。因此，在冰盖形成及消融过程中各涵闸、倒虹吸都要实时控制水位。

（4）停水时渠内水体要保证一定深度，这样既可以避免静水结冰过厚，影响恢复供水，又可以蓄水保温避免冻胀破坏。

## 6.4.1.3　引滦入津工程

引滦入津工程是一项由滦河水系向海河水系调水的大型跨流域调水工程，引滦工程每年两次从河北迁西大黑汀水库引水至于桥水库，于桥水库作为稳定水源每年向天津市供水。水流自于桥水库出库后经州和暗渠至九王庄闸（在州和暗渠建成前经 54km 的州和南入蓟运河至九王庄闸），通过九王庄闸经 47.2km 的输水明渠到达尔王庄泵站，再经 26km 的暗渠到达宜兴埠泵站后向水厂或海河供水。

在州和暗渠建成之前，引滦明渠在冬季采用冰盖下输水的方式，冰盖冻结厚度一般为 0.2～0.3m，冰期从每年 12 月上旬到翌年 2 月下旬，冻结期为 65d 左右。自 2005 年州和暗渠投入使用以来，由于暗渠的保温作用，引滦明渠在冬季已不再形成冰盖，仅有少量冰花，冰期仍采用明流方式输水。

在州河暗渠投入使用之前，引滦入津工程冰期输水最大的问题就是流冰问题。初冬结冰期渠道内的冰盖较薄，若遇气温回升，冰盖易在水流作用下发生破碎，形成 2～3cm 大小不一的流冰，春季解冻期因冰盖破碎也会形成大量的流冰，这些流冰随水流到达泵站前池的拦污栅前，除一小部分钻过拦污栅进入前池，绝大部分集结在拦污栅前，形成层层叠起的冰堆。小块流冰会随水流下潜，附着在拦污栅上，堵塞过水断面，大块的流冰则与堆积的杂草相间堵塞在拦污栅前，使泵站运行受到影响。

针对流冰问题，管理人员经过多年实践，采取了多种行之有效的防治措施（郭海燕和封春华，2004）：①为了防止冬期薄冰盖破碎，流量堵塞拦污栅，在气温突降时，暂时停止输水或小流量输水，从而使水体处于静止或基本静止状态，促使冰盖尽快形成；当冰盖厚度大于 5cm 时，恢复供水，输水方式从明渠输水转变为冰盖下输水。②泵站前池安装潜水泵，由浮筒把喷管口于防冰冻建筑物前，将底层温度较高的水抽到水面，使泵站前池形成一个不冻结区。③定期清除拦污栅上的杂草，防止大块的流冰附着在杂草上堵塞拦污栅。这些措施基本上解决了泵站前池的流冰拥堵问题。

## 6.4.2　国外调水工程冬季运行经验

原苏联、北欧、加拿大以及美国北部等高纬度地区有许多长距离明渠调水工程冰期运行的成功范例，特别是在原苏联地区，先后开挖了莫斯科运河、列宁运河、列宁伏尔加-顿运河、斯威尔-顿运河、额尔齐斯河-卡拉干达运河等 17 条大运河，长度均达上百公里甚至数百公里。在严寒的冬季，这些大型明渠输水系统通过调节节制闸形成壅水，增加渠道蓄水量，降低流速，形成稳定的冰盖，进而实现了冰盖下的安全输水（张成和王开，2006）。

莫斯科运河工程于 1932 年 9 月开工建设，1937 年 5 月 1 日竣工，是前苏联最早建成的调水工程。运河总长 128km，渠道底宽 46m，水面宽 85.5～90m，各类水工建筑物达 240 余座，包括大坝 10 座、船闸 11 座、5 级泵站等。莫斯科地区冬季时间长，降雪量大，莫斯科运河冬季输水都在冰盖下进行，并采取防雪挡板等对雪堆大量移动的渠段进行保护，以防止积雪对冰盖造成破坏。

哈萨克斯坦境内的额尔齐斯河-卡拉干达运河，于 1974 年建成，从额尔齐斯河取水，干渠全长 458km，渠底纵坡为 1/15600，通过 22 级泵站梯级扬水，向卡拉干达地区供水，该地区冬季极端最低气温为-47℃，全年累积负气温可达-2055℃，冬季设计流量 46m³/s，目前冬季实际输水流量平均约为 15m³/s，冰盖厚度 1.3m 左右。运行近 40 年来，除运行初期因渠道流量极不均匀带来一些问题外，以后一直运行良好，未发生冰塞、冰坝等重大的冰害事故。

芬兰的河道和渠道一般在冰期也大都采用冰盖下输水的运行方式，在冰期运行方面积累了很多经验，通过在冰期来临前调整河渠的水流条件，控制水流流速在 0.5m/s 以下，为河渠创造了形成连续稳定冰盖的条件，在建筑物进水口前放置柔性拦冰木筏，既可加速冰盖的形成，又可防止冰块拥塞进水口，输水工程沿线闸门设置电热系统或水泵管道水体扰动系统，防止闸站、泵站前发生冻结。

瑞典的吕勒河、加拿大的圣特劳伦斯河，均利用控制坝减少冬季输水流量，并利用拦冰栅形成稳定冰盖，实现了冰盖下的安全输水。

# 参 考 文 献

包承纲, 蔡正银, 陈云敏, 等.2011. 岩土离心模拟技术的原理和工程应用. 武汉: 长江出版社.

陈湘生, 等.1991. 人工冻土瞬时无侧限抗压强度特征的试验研究. 建井技术, 6: 32-35.

陈湘生, 濮家骝, 罗小刚, 等.1999. 土壤冻胀离心模拟试验. 煤炭学报, 24 (6): 615-619.

陈湘生, 濮家骝, 殷昆亭, 等.2002. 地基冻-融循环离心模型试验研究. 清华大学学报 (自然科学版), 42 (4): 531-534.

陈肖柏, 王雅卿, 何平.1987. 砂砾土中的成冰作用及其冻胀敏感性. 科学通报, 23: 1812-1815.

陈肖柏, 邱国庆, 王雅卿, 等.1988a. 重盐渍土在温度变化时的物理化学性质和力学性质. 中国科学, 4: 429-438.

陈肖柏, 王雅卿, 何平.1988b. 砂粒料之冻胀敏感性. 岩土工程学报, 10 (3): 23-29.

陈肖柏, 邱国庆, 王雅卿, 等.1989. 温降时之盐分重分布及盐胀试验研究. 冰川冻土, 11 (3): 245-254.

陈肖柏, 刘鸿绪, 刘建坤, 等.2006. 土的冻结作用与地基. 北京: 科学出版社.

程满金, 申利刚, 等.2003. 大型灌区节水改造工程技术试验与实践. 北京: 中国水利水电出版社.

陈涛, 周俊荣, 孙明星.2004. HEC 固化剂对土壤渗透性能的影响. 干旱地区农业研究, 22 (4): 192-194.

褚彩平, 李斌, 侯仲杰.1998. 硫酸盐渍土在多次冻融循环时的盐胀累加规律. 冰川冻土, 20 (2): 8-11.

戴长雷, 于成刚, 廖厚初, 等.2010. 冰情监测与预报. 北京: 中国水利水电出版社.

费雪良, 李斌, 王家澄.1994. 不同密度硫酸盐渍土盐胀规律的试验研究. 冰川冻土, 16 (3): 245-249.

冯挺.1989. 盐渍上的冻胀特性及其对渠道的危害. 水利水电技术, 06: 57-61.

高江平, 吴家惠.1997. 硫酸盐渍土盐胀特性的单因素影响规律研究. 岩土工程学报, 19 (1): 37-42.

高江平, 杨荣尚.1997. 含氯化钠硫酸盐渍土在单向降温时水分和盐分迁移规律的研究. 西安公路交通大学学报, 17 (3): 21-26.

郭海燕, 封春华.2004. 引黄济津冬季输水冰情观测及初步分析. 河北水利, 11 (6): 25-27.

郭慧滨, 何武全.2010. 不同类型区典型工程渠道防渗防冻胀技术应用模式及效果评价报告. 北京: 中国灌溉排水发展中心.

何武全, 张邵强, 吉晔, 等.2012. 季节性冻土区渠道防渗防冻胀技术与应用模式. 节水灌溉, 11: 67-70.

胡宇.2003. BPS 保温板在青藏高原多年冻土路基工程中的应用研究. 成都: 西南交通大学博士学位论文.

黄俊杰, 苏谦, 钟彪, 等.2013. 多年冻土斜坡路基失稳变形影响因素及特征研究. 岩土力学, 34 (3): 703-710.

巨娟丽.2004. 白砂岩土的冻胀率试验研究. 水利与建筑工程学报, 2 (2): 51-54.

吉延俊, 金会军, 张建明, 等.2008. 中俄原油管道沿线典型土样冻胀性试验研究. 冰川冻土, 30 (2): 296-300.

冷毅飞, 张喜发, 张冬青.2006. 季节冻土区公路路基细粒土冻胀敏感性研究. 冰川冻土, 28 (2): 211-216.

李方, 李万杰.2005. 混凝土板衬砌、塑膜双防渠道的设计及应用. 西部探矿工程, 4: 17-18.

李洪升, 杨海天, 常成, 等.1995. 冻土抗压强度对应变速率敏感性分析. 冰川冻土, 17 (1): 40-47.

李甲林, 王正中.2013. 渠道衬砌冻胀破坏力学模型及防冻胀结构. 北京: 中国水利水电出版社.

李建宇, 刘建坤, 孙继彪.2007. 包兰线路基土冻胀特性试验分析. 铁道建筑, 12: 72-74.

李宁远, 李斌, 吴家慧.1989. 硫酸盐渍土及膨胀特性研究. 西安公路学院学报, 7 (3): 81-90.

李萍, 徐学祖, 陈峰峰.2000. 冻结缘和冻胀模型的研究现状与进展. 冰川冻土, 22 (1): 90-94

李双喜, 唐新军, 张静华. 2012. 新疆某重点工程西干渠混凝土板破坏机理研究. 人民黄河, 34 (1): 147-149.

李钦. 2011. 关于混凝土衬砌渠道遭受冻害的探究. 科学之友, 20: 69-71.

李杨. 2008. 季节冻土水分迁移模型研究. 长春: 吉林大学博士学位论文.

李雨浓, 张喜发, 张冬青. 2007. 季冻区公路路基细粒土冻胀性分类研究. 公路交通科技, 24 (12): 50-53.

李振. 2005. 盐渍土冻胀性的试验研究. 西北农林科技大学学报 (自然科学版), 33 (7): 73-76.

刘国强. 2013. 长距离输水渠系冬季输水过渡过程及控制研究. 武汉: 武汉大学博士学位论文.

刘孟凯. 2012. 长距离输水渠系冬季运行自动化控制研究. 武汉: 武汉大学博士学位论文.

刘西拉, 唐光普. 2007. 现场环境下混凝土冻融耐久性预测方法与研究. 岩石力学与工程学报, 26 (12): 2412-2419.

刘增利, 李洪升, 朱元林. 2002. 冻土单轴压缩损伤特征与细观损伤测试. 大连理工大学学报, 42 (2): 223-227.

刘增利, 张小鹏, 李洪升. 2007. 原位冻结黏土单轴压缩试验研究. 岩土力学, 28 (12): 2657-2660.

刘之平, 吴一红, 陈文学, 等. 2010. 南水北调中线工程关键水力学问题研究. 北京: 中国水利水电出版社.

马芹永. 1996. 人工冻土单轴抗拉、抗压强度的试验研究. 岩土力学, 17 (3): 76-81.

马巍, 吴紫汪, 盛煜, 等. 1995. 围压对冻土强度特性的影响. 岩土工程学报, 17 (5): 7-11.

马巍, 王大雁, 常小晓. 2004. 模拟 K0 固结后不同初始围压下冻土应力-应变特性研究. 自然科学进展, 14 (3): 344-348.

毛文明. 2011. 防渗和排水系统在新疆北疆某调水工程中的应用. 水利科技与经济, 17 (10): 94-95.

茅泽育, 董曾南, 陈长植. 1996. 河冰数学模拟研究综述. 水力发电, 22 (12): 58-61.

彭光亮, 刘红兵, 刘建坤. 2012. 109 线橡皮山段砂质粉土冻胀特性试验研究. 路基工程, 2: 86-88.

庞国良. 1986. 关于冻土裂缝的探讨. 冰川冻土, 8 (3): 287-289.

彭铁华, 李斌. 1997. 硫酸盐渍土在不同降温速率下的盐胀规律. 冰川冻土, 19 (3): 252-257.

彭万巍. 1988. 不同掺和料砂砾石的冻胀实验研究. 冰川冻土, 10 (1): 22-26.

丘国庆, 盛文坤, 皇翠兰, 等. 1989. 关于冻结过程中易溶盐迁移方向的讨论. 第三届全国冻土学术会议论文集. 北京: 科学出版社.

宋玲, 余书超. 2009. 寒区冬季输水渠衬砌的冻胀破坏及防治措施. 中国农村水利水电, 6: 96-98.

谭冬升, 孙毅敏, 胡力学, 等. 2011. 新建兰新铁路新疆段沿线盐渍土盐胀特性、机理与防治对策. 铁道学报, 33 (9): 83-88.

田亚护, 刘建坤, 钱征宇, 等. 2002. 多年冻土区含保温夹层路基温度场的数值模拟. 中国铁道科学, 23 (2): 59-64.

万旭升, 赖远明. 2013. 硫酸钠溶液和硫酸钠盐渍土的冻结温度及盐晶析出试验研究. 岩土工程学报, 35 (11): 2090-2096.

王长德, 郭华, 邹朝望, 等. 2005. 动态矩阵控制在渠道运行系统中的应用. 武汉大学学报 (工学版), 38 (3): 6-9.

王家澄, 徐学祖, 张立新, 等. 1995. 土类对正冻土成冰及冷生组构影响的实验研究. 冰川冻土, 3: 16-21.

王俊臣. 2005. 新疆水磨河细土平原区硫酸 (亚硫酸) 盐渍土填土盐胀和冻胀研究. 长春: 吉林大学博士学位论文.

王窍成, 刘三会. 2000. 冻胀及其影响因素. 山西交通科技, (1): 15-16.

王天亮, 岳祖润. 2013. 细粒含量对粗粒土冻胀特性影响的试验研究. 岩土力学, 34 (2): 359-388.

王文华. 2003. 吉林省西部地区盐渍土水分迁移及冻胀特性研究. 长春: 吉林大学博士学位论文.

王正秋. 1980. 粒度成分对细砂冻胀性的影响. 冰川冻土, 2 (3): 24-27.

王晓魏, 付强, 丁辉, 等. 2009. 季节性冻土区水文特性及模型研究进展. 冰川冻土, 31 (5): 953-959.

汪于鸿, 元文珂, 于忠华, 等. 1995. 引黄济青青岛段冬季输水的主要问题及对策. 山东水利科技, 2 (4): 54-57.

温智. 2006. 保温法在青藏高原多年冻土区道路工程中的应用评价研究. 兰州: 中国科学院寒区旱区环境与工程研究所博士学位论文.

吴富平, 张恒. 2000. 改性聚丙烯纤维混凝土在高寒地区工程中的应用. 东北水利水电, (8): 8-10.

吴紫汪. 1982. 冻土工程分类. 冰川冻土, 4 (4): 43-48.

习春飞. 2004. 击实硫酸盐渍土的盐-冻胀特性研究. 长春: 吉林大学博士学位论文.

邢爽, 单良, 刘少洋, 等. 2010. 季节性冻土的冻胀试验系统及应用. 东北电力大学学报, 31 (5/6): 94-97.

邢义川, 李远华, 何武全, 等. 2006. 现代渠道与管网高效输水新材料及新技术. 郑州: 黄河水利出版社.

许健, 牛富俊, 朱永红, 等. 2010. 重塑粘质黄土冻胀敏感性试验分析. 土木建筑与环境工程, 32 (1): 24-30.

徐德胜. 1999. 半导体制冷与应用技术. 上海: 上海交通大学出版社.

徐学祖, 王家澄, 丘维林, 等. 1993. 饱冰粘土界面状态初探. 冰川冻土, 15 (1): 153-156.

徐学祖, 王家澄, 张立新, 等. 1995. 土体冻胀和盐胀机理. 北京: 科学出版社.

徐学祖, 邓友生, 王家澄, 等. 1996. 含盐正冻土的盐胀和冻胀. 第五届全国冰川冻土学大会论文集. 兰州: 甘肃文化出版社.

徐学祖, 王家澄, 张立新. 2001. 冻土物理学. 北京: 科学出版社.

于琳琳. 2006. 不同人工冻结条件下土的冻胀实验研究. 哈尔滨: 哈尔滨工业大学博士学位论文.

袁红, 李斌. 1995. 硫酸盐渍土起胀含盐量及容许含盐量的研究. 中国公路学报, 8 (3): 10-14.

章金钊. 1994. 工业隔热材料在多年冻土区的应用研究. 第一届全国寒区环境与工程青年学术会议论文集. 兰州: 兰州大学出版社.

张成, 王开. 2006. 冰期输水研究进展. 南水北调与水利科技, 4 (6): 59-63.

张俊兵, 李海鹏, 林传年, 等. 2003. 饱和冻结粉土在常应变率下的单轴抗压强度. 岩石力学与工程学报, 22 (增 2): 2865-2870.

张莎莎. 2007. 粗颗粒硫酸盐盐渍土盐胀特性试验研究. 西安: 长安大学. 硕士学位论文.

张树光, 屈小民. 2004. 非等温条件下道路水分迁移的数值模拟. 岩土力学, 25 (增): 231-234.

张喜发, 杨风学, 冷毅飞, 等. 2013. 冻土试验与冻害调查. 北京: 科学出版社.

张以晨, 李欣, 张喜发, 等. 2009. 季冻区公路路基粗粒土的冻胀敏感性及分类研究. 岩土工程学报, 27 (10): 1522-1526.

赵安平. 2008. 季冻区路基土冻胀的微观机理研究. 长春: 吉林大学博士学位论文.

赵安平, 王清, 李方慧, 等. 2012. 长春地区公路路基土冻胀敏感性因素分析. 黑龙江大学工程学报, 3 (2): 12-16.

赵天宇. 2009. 内陆寒旱区硫酸盐渍土盐胀特性试验研究. 兰州: 兰州大学博士学位论文.

赵新. 2011. 大型输水工程冰期输水能力与冰害防治控制研究. 天津: 天津大学博士学位论文.

郑秀清, 樊贵盛, 赵生义. 1998. 水分在季节性冻土中的运动. 太原理工大学学报, 29 (1): 62-66.

中国科学院兰州冰川冻土沙漠研究所. 1975. 冻土. 北京: 科学出版社.

朱强, 付思宁, 武福学. 1988. 砂-砂砾换基防治渠道冻胀的研究. 冰川冻土, 10 (4): 401-407.

Anderson D, Tice A. 1972. Predicting unfrozen water contents in frozen soils from surface area measurements. Highway Research Record, 393: 12-18.

Bear J, Gilman A. 1995. Migration of salts in the unsaturated zone caused by heating. Transport in Porous Media, 19 (2): 139-156.

Benavente D, Martínez-Martínez J, Cueto N, et al. 2007. Salt weathering in dual-porosity building dolostones. Engineering Geology, 94: 215-226.

Beskow G. 1935. Soil Freezing and Frost Heaving with Special Application to Roads and Railroads. Swedish Geol. Survey Yearbook, 26 (3): 375-380.

Beltaos S. 1995. River Ice Jams. Highlands Ranch, Col.: Water Resources Publications.

Chamberlin E, Gow A. 1979. Effect of freezing and thawing on the permeability and structure of soils. Engineering Geology, 13: 72–92.

Chamberlain E. 1989. Physical changes in clays due to frost action and their effect on engineering structures. Proceedings of the International Symposium on Frost in Geotechnical Engineering. Rotterdam Balkema.

Chen X S, Smith C, Schofield A. 1993. Frost heave of pipelines: centrifuge and 1g model tests. Cambridge Unversity Technical Report (CUED/ D- Soils/ TR264).

Cumming-Cockburn. 1986. Ice jams on small river: remedial measures and monitoring. Report to Supply and Services Canada, Environment Canada, Ontario Ministry of Natural Resources, City of Mississauga, and Credit Valley Conservation Authority, Toronto, Canada.

Danys J. 1975. Ice Movement Control by the Artificial Islands in Lac St. Pierre. New Hampshire: International Association of Hydraulic Research, Proceedings of the Third International Symposium on Ice Problems. Hanover.

De Thury H. 1828. On the method proposed by Mr. Brard for the immediate detection of stones unable to resist the action of frost. Annales de chimie et de physique, 38: 160–192.

Eldin N. 1991. Effect of artificial salting on freezing behacior of silt soil. Journal of Cold Regions Engineering, 5: 143–157.

Goodings D, Straub N. 2003. Physical Modeling of Frost Jacking. Baltimore: Pipeline Engineering and Construction International Conference.

Hivon E, Sego D. 1995. Strength of frozen saline soils. Can. Geotech. J., 32: 336–354.

Bing H, He P, Yang C, et al. 2007. Impact of sodium sulfate on soil frost heaving in an open system. Applied Clay Science, (35): 189–193.

Jessberger H. Opening address // Jones R, Holden J. Ground Freezing'88. Rotterdam: Balkema.

Kang S, Gao W, Xu X. 1998. Fild observation of solute migrationin freezing and thawing soils. Procdings of the 7th International Symposium on Ground Freezing.

Ketcham S, Black P, Pretto R. 1997. Frost heave loading of constrained footing by centrifuge modeling. Journal of geotechnical and geoenvironmental engineering, 123 (9): 874–880.

Konrad J, Morgenstern N. 1980. A mechanistic theory of ice lens formation in fine-grained soils. Canadian Geotechnical Journal, 17: 473–486.

Konrad J, Morgenstern N. 1981. The segregation potential of a freezing soil. Canadian Geotechnical Journal, 18 (4): 482–491.

Krishnaiah S, Singh D. 2004. Centrifuge modelling of heat migration in soils. International Journal of Physical Modelling in Geotechnics, 3: 39–47.

Lovell M, Schofield A. 1986. Centrifugal modelling of sea ice. Proc. First Int. Conf. Ice Technol.

Luquer L. 1895. The relative effects of frost and sulphates of soda efflorescence tests on building stones. American Society of Civil Engineers-Transactions, 33: 235–256.

Marcin K. 2010. Modeling the phase change of salt dissolved in pore water: equilibrium and non-equilibrium approach. Construction and Building Materials, 24 (7): 1119–1128.

Miller R. 1972. Freezing and heaving of saturated and unsaturated soils. Highway Research Record, (393): 1–11.

Othman M, Benson C. 1993. Effect of freeze-thaw on the hydraulic conductivity of compacted clay. Canadian Geotechnical Journal, 20 (2): 236–246.

Viklander P. 1998. Permeability and volume changes in till due to cyclic freeze/thaw. Canadian Geotechnical

Journal，35（3）：471-477.

Powers T. 1949. The air requirement of Frost resistant concrete. Proceedings of Highway Research Board，29：184-211.

Savvidou. 1988. Centrifuge Modelling of Heat Transfer in Soil. Rotterdam：Balkema.

Smith C. 1992. Thaw Induced Settlement of Pipelines in Centrifuge Model Tests. Cambridge：University of Cambridge.

Stothart C，Croteau J. 1965. Montreal ice control structure. Proceedings of the 1965 Annal Meeting of the Eastern Snow Conference. Hanover.

Taber S. 1916. The growth of crystals under external pressure. American Journal of Science，41（4）：532-556.

Takagi S. 1980. The adsorption force theory of frostheaving. Cold Regions Science and Technology，3（1）：57-81.

Taylor R. 1995. Geotechnical Centrifuge Techology. Blackie Academic and Professional.

Thomson J. 1849. Theoretical considerations on the effect of pressure in lowing freezing point of water. Trans Roy Soc Edinburgh，16（5）：575-580.

Yang D，Goodings D. 1998. Climatic soil freezing modeled in centrifuge. Journal of Geotechnical and Geoenvironmental Engineering，124（12）：1186-1194.

Zchndcr K，Arnold A. 1989. Crystal growth in salt efflorescence. Journal of Crystal Growth，97（2）：513-521.

Zhu Y L，Carbee D. 1984. Uniaxial compressive strength of frozen silt under constant deformation rates. Cold Regions Science and Technology，9：3-15.